BIM原理与实践丛书

# BIM
## 建模软件原理

Operational Principle of BIM Model
Authoring Application

周 志 赵雪锋 丛书主编
赵雪锋 周志 宋杰 主 编

中国建筑工业出版社

图书在版编目（CIP）数据

BIM 建模软件原理/赵雪锋等主编. —北京：中国
建筑工业出版社，2017.11
（BIM 原理与实践丛书）
ISBN 978-7-112-21252-1

Ⅰ. ①B… Ⅱ. ①赵… Ⅲ. ①建筑设计-计算机
辅助设计-应用软件 Ⅳ. ①TU201.4

中国版本图书馆 CIP 数据核字（2017）第 233064 号

本书是《BIM 原理与实践丛书》中的一本，全书共 7 章，包括：BIM 与 BIM 建模软件，工程数据库，BIM 建模软件的工作原理，几何造型技术，建筑产品信息建模方法之参数化构件建模，建筑产品信息建模方法之项目建模以及三维图形显示。本书从一个全新的视角，站在工程师的角度，在本质上对 BIM 现有技术的探讨，而不是对 BIM 理论与发展趋势的研究，进而对实际工程进行指导，为工程师在实际工程中遇到的问题提供解决思路。本书知识性、可读性强，可供工程建设管理人员及技术人员参考使用，也可供高校师生学习参考。

责任编辑：王砾瑶　牛　松
书籍设计：韩蒙恩
责任校对：王宇枢　张　颖

BIM 原理与实践丛书
**BIM 建模软件原理**
周　志　赵雪锋　　　　丛书主编
赵雪锋　周　志　宋　杰　主　　编
\*
中国建筑工业出版社出版、发行（北京海淀三里河路 9 号）
各地新华书店、建筑书店经销
霸州市顺浩图文科技发展有限公司制版
北京建筑工业印刷厂印刷
\*
开本：787×1092 毫米　1/16　印张：7¾　字数：181 千字
2017 年 10 月第一版　　2017 年 10 月第一次印刷
定价：**22.00** 元
ISBN 978-7-112-21252-1
　　　（30892）

# 序

　　本丛书基于作者对 BIM 技术的研究与实践，从产品、过程与系统三个层次较为全面地介绍了 BIM 技术的内涵与原理，是目前我国最为系统的 BIM 理论出版物之一。

　　日益发展的软件技术进步带来的个体工作效率提升并不是 BIM 的价值与目标，BIM 的价值在于信息共享与互用，这是历年来国内外 BIM 研究的最大难题。中国 BIM 不仅需要有一批研究者超越个体商业利益，站在社会价值最大化的角度研究 BIM 理论与技术，按照中国工程建设流程所决定的信息共享与互用特点，研究制订出符合中国建筑业特点的落地信息交换标准；更需要越来越多软件开发者学习 BIM 理论，按照这些信息交换标准开发出具有中国自主知识产权的 BIM 软件，才能实现中国建筑业的信息集成及应用，由此我们将看到 BIM 给中国建筑业所带来的巨大变化。

　　BIM 在中国的推广需要学习欧美国家的经验与教训，但不是简单照搬欧美国家的成功经验或尚未成功的方法。本书不仅详细介绍了 BIM 建模软件的特性与工作原理，而且充分描述了欧美国家在 BIM 研究与实践的真实情况，分析了 IFC - BIM 体系理论及在实践中遇到的困境，对于正确学习借鉴欧美国家的先进经验有重要意义。

原中国建筑科学研究院副院长

中国 BIM 发展联盟理事长

黄强

2017 年 8 月 2 日星期三

# 丛书前言

在我开始学习 BIM 的时候，市面上关于 BIM 的书籍资料还非常少，我的学习过程走了很多弯路。十年之后，市场上虽然有了很多关于 BIM 的书，但相当一部分都在畅想 BIM 前景和介绍软件操作方法，重复度比较高，读者的选择面仍然很有限。2011年，几位师长与领导建议我写一套书，系统的介绍 BIM 相关的理论与方法，增加读者的选择空间，帮助建筑人员更快地了解 BIM，少走或者不走我曾经走过的弯路。为此，我们确定了写书的四个基本原则：

第一，这必须是一套有"料"的书。应该详细阐述 BIM 的工具、流程与方法的构成要素、要素的作用与相互关系，不是某个 BIM 软件的操作说明书。它应该真正介绍 BIM 理论技术的内在逻辑与工作原理，能够帮助工程人员了解 BIM，让读者得到一些自己想要的东西。

第二，这必须是一套有"用"的书。不仅要介绍 BIM 价值与特点，而且要说明其原理、实现方法以及当前实际发展水平、障碍与解决办法，对 BIM 实施有一定的参考作用。

第三，这必须是一套"无害"的书。它必须是用心研究的成果，对书中每一个观点进行过认真的推敲查证，不能有"BIM 技术在欧美已经普及"或者"Autodesk 公司提出了 BIM 理念与名称"之类的低级错误，虽然不可能没有错误，必须尽量减少对读者的误导。

第四，这必须是套"易懂"的书。它应该站在建筑工程师的角度编写，立足于工程实施认识 BIM，用建筑语言解读 BIM，书中的每个字都能被建筑工程师看懂，全书不能出现任何一行软件代码。

这套书远比想象中难写，虽然笔者向来以博而不精著称，在建筑工程、软件与机械设计三个方面都有一定的技术基础，仍然未能兼顾 BIM 所涉及的理论与技术。为了能写出一套有用的书，笔者辞去工作，先用两年时间考查调研，了解各企业 BIM 实践的真实情况，然后再苦读三年理论，才开始动笔，又用了两年时间才写完第一本书。幸而有北京工业大学赵雪锋博士合作，又有吴玉环总经理、宋杰博士等有丰富的工程信息化经验的朋友帮忙，笔者有决心再用五到七年完成这套丛书，为 BIM 在中国的落地推广做点力所能及的事。

这套书来自工程师，也是为工程师而写，试图站在工程师的立场解读 BIM 及其相关技术，试图避开关于什么是 BIM 的理论争议，仅立足于当前技术水平下解释各主流 BIM 工具、方法与体系的架构、原理、应用以及来龙去脉，以当前技术水平下的最高应用水平为目标，以笔者已经掌握的知识与经验为原则解读与介绍 BIM。笔者只想与读者分享经验与心得，与读者共同成长，而不想做 BIM 的先知或权威。

例如《BIM 设计》一书只介绍怎样用 BIM 建模软件高效的设计，如何提升设计质量与降低设计成本，回避了协同设计与并行工程等 BIM 理论的核心内容。因为笔者尚不具备协同并行设计的能力（Revit 的链接与工作集或者 Bentley 的 ProjectWise 的功能显然距离协同设计还非常遥远）；同时增加了从二维图纸翻三维模型的内容，计划用较大的篇幅介绍如何快速高效而又准确翻模才能建立一个可以有效便捷的提取数据的数据库，虽然这不符合任何 BIM 的定义，但笔者尊重当前二维翻三维的市场现状。笔者甚至计划回避设计信息如何从方案阶段逐步传递到深化设计，因为当前软件技术还不支持约束接口级别的数据传递，全世界也还没有相应的成功案例。

因而本丛书是对 BIM 现有技术的探讨，偏重应用技术而不是对 BIM 理论与发展趋势。对 BIM 相关理论用三个原则处理：简单介绍基本理论，详细介绍一些与当前 BIM 价值上限相关的理论，重点介绍参数化建模等有助于工程师理解技术原理的理论。

以笔者个人的能力，是不可能只用五年就完成《BIM 原理总论》的初稿的，有幸用这么短的时间完成这一稿，是因为笔者得到了很多师长与朋友们的帮助。

首先要感谢同济大学刘国彬教授与中国 BIM 发展联盟黄强理事长的教导。恩师刘国彬教授不仅手把手地向我传授各种理论与研究方法，还用自己的言行向我展示了优秀学者立足于工程实践的精神与解决工程问题的能力，消除了我对理论研究的歧视与偏见，开始走上了理论与实践结合的道路，没有他，我不可能写出任何有质量的书。而黄强理事长把我从民间发掘出来，让我参与国家 BIM 标准的研究，不仅提供了大量宝贵的资料，还指点我学习与思考各种 BIM 理论，用自己不断追求真理的行动为我确立了一个标杆，感染与激励我在 BIM 的研究上不断前行。知遇之恩，当衔环以报。

然后要感谢长江水利委员会的王仲何大哥和桂树强兄弟。感谢他们给我机会从战略到战术、从管理到技术全方位探索 BIM，让我有了写本书的可能性。同时也要感谢长江水利委员会的帅小根博士、卞小草博士、周实、朱聘婷等小兄弟。他们一次次用刁钻的问题把我问的张口结舌、恼羞成怒，迫使我不断深挖 BIM 技术的深层内涵，是他们的好学精神推动了我们共同进步。而他们在软件工程知识方面的缺乏，让我在一次次对牛弹琴的郁闷中琢磨用工程语言表达软件思想的方法，才有了这本不那么难懂的书。

当然，我还必须感谢我的妻子唐慧和儿子周青松，他们的支持与陪伴是我工作学习中最大的动力。

此外还有给我各种指导和帮助的人，包括并不仅仅有中国建筑股份集团李云贵研究员、广州优比公司 CEO 何关培先生、深圳蓝波绿建集团总裁徐宁先生、北京工业大学刘占省博士、上海申通咨询有限公司蒋勇先生等，这里一并表示感谢。

最后祝愿越来越多的人投身于 BIM 大潮，不断提升 BIM 实施的性价比，推动 BIM 技术成为中国建筑信息化的核心技术，迎接一个新时代的到来。

周志
2017 年 7 月 15 日星期六于上海美兰湖

# 前　言

　　建筑信息建模（Building Information Modeling，BIM）作为一种创新的工具与生产方式，2002 年以来，逐步开始推广应用，被公认为建筑业的革命性技术。BIM 技术通过建立数字化的 BIM 参数模型，涵盖与项目相关的大量信息服务于建设项目的设计、建造安装、运营等整个生命周期，为提高生产效率、保证生产质量、节约成本、缩短工期等发挥出巨大的优势作用。虽然我国的 BIM 应用还处在雏形阶段，但是认识并发展 BIM、实现行业的信息化转型已是势不可挡的趋势。但是建筑产品的复杂性、一次性等特点对三维参数化建模软件提出了很高的要求，因而我国尚无任何一家软件公司有能力开发 BIM 建模软件。研究 BIM 建模软件的原理与结构，对于国外 BIM 建模软件的中国化与逐步开发中国自主知识产权的 BIM 建模软件具有重要意义。但目前市面上并没有相关书籍系统地介绍 BIM 建模软件。

　　为填补这一空白，笔者依托国外商业软件发布的资料与软件论坛的技术交流，辅助以笔者对软件文档的解读与理解，以及笔者与软件厂商的开发人员交流得来的信息进行提炼得出 BIM 建模软件的系统架构。由于国际上 BIM 建模软件产业都是少数几个企业竞争的寡头垄断市场，各企业 BIM 关键技术视为技术机密，仅发布了软件的基本工作原理，极少泄漏细节。本书也只能从工作原理层次解读介绍 BIM 建模软件，难免有各种错漏。

　　本书参考了欧美等国家对 BIM 建模软件的定义，结合当前国内 BIM 发展现状，重新对其进行定义，并引出参数化特征建模这一概念；其次，本书介绍了 BIM 建模软件的信息源——工程数据库的相关内容，包括数据管理，数据逻辑的几种模型，对 BIM 建模软件的结构与功能进行了全方位多层次的描述，揭示了几何造型在建筑产品建模的地位与作用，进而对参数化构件建模中用到的涉及 BIM 软件工具、技术流程、技术方法以及与建筑设计的接口等技术进行了阐释；最后，本书从项目层面出发，对 BIM 建模软件在项目中的应用进行了介绍。

　　BIM 建模软件是在制造业参数化建模软件（CAD）基础上针对建筑业特点定制开发的产品，它的形成是计算机硬件能力的提高、计算机造型技术的进步、CAD 商业软件发展以及建筑业需求的推动共同作用的结果。只有对 BIM 建模软件的基本原理进行掌握，才能真正将 BIM 软件为我所用。

# 目　录

# 第1章
## BIM与BIM建模软件

# 1.1 BIM 建模软件在 BIM 体系中的地位与作用

## 1.1.1 当代主流 BIM 理论体系架构

由于 BIM 的理念与其相关理论技术尚处于形成发展过程之中，还没有形成一致看法。按目前较权威的美国国家 BIM 标准委员会对 BIM 的定义，BIM 可分为产品（Building Information Model，即建筑信息模型）、过程（Building Information Modeling，建筑信息建模或建筑信息模型化）与系统（Building Information Management，建筑信息管理）三个层次。

他们认为 BIM 的产品层是描述建筑的结构化数据库（a structured dataset describing a building），是一个工程项目物理和功能特性的数字化表达，是基于开放标准的、工程项目信息可以分享的知识资源。

而过程层（Building Information Modeling）则是创建和利用项目数据在其全寿命期内进行设计、施工和运营的业务过程，允许所有项目相关方通过数据互用使不同技术平台之间在同一时间利用相同的信息。

这种产品（Product）、过程（Progress）与人（People）的三 P 分类方式在控制论、信息论与系统论等方面都有理论支撑，是一种应用广泛的分类方式。例如 ISO9000 标准中就把企业的生产体系分为资源、产品、过程三部分：其中产品是过程的结果（有服务、软件、硬件、流程性材料等），而过程是使用资源将输入转化为输出的活动的系统。

但在美国 BIM 标准的第一版（NBIMS-V1）中，BIM 的第三层却被定义为系统，该版本的系统层被称为建筑信息管理（business structures of work and communication that increase quality and efficiency），认为 BIM 是一个共享的知识资源，是一个分享有关这个设施的信息，为该设施从建设到拆除的全生命周期中的所有决策提供可靠依据的过程。

NBIMS 第一版把系统层定义为过程，过程层却同时也是个系统（过程是使用资源将输入转化为输出的活动的系统），这个重叠交叉的 BIM 层次划分引起了广泛的争议。直到 2015 年，美国 BIM 标准委员会才在 NBIMS 的第三版中修正了这个错误。该版本把建筑信息管理定义为利用数字原型信息支持项目全寿命期信息共享的业务流程组织和控制过程。建筑信息管理的效益包括集中和可视化沟通、更早进行多方案比较、可持续分析、高效设计、多专业集成、施工现场控制、竣工资料记录等。

这种产品、过程与控制的划分方式事实上把整个 BIM 看作一个系统，按输入（资源）、转换（即过程）、输出（产品）与控制四要素对系统进行划分（美国 BIM 标准的研究对象是软件与数据，因而不需要把人等资源纳入研究范围），不仅符合当代系统论的基本原则，而且与 IFC 核心层的产品、过程、控制三要素建立了一一对应关系，拥有较强的生命力。

### 1.1.2　BIM 建模软件供应商对 BIM 的宣传重心

出于商业利益的考虑，主流 BIM 建模软件供应商基于自己优势与品牌战略，对 BIM 或 BIM 建模软件的解读各有侧重点。

Autodesk 公司的宣传中更强调 BIM 是一个设施的数字化表达，试图用 Revit 创建建筑物的完整信息，其他软件可以从中抽取自己所需信息进行各种工程应用。这可能与 Autodesk 公司试图把 Revit 建设成为全专业全过程的模型创建"巨无霸"有关。

Bentley 公司的宣传中更强调 BIM 是一个过程，是在建筑全生命期各阶段用不同软件创建与应用信息的工具、技术、方法与流程的合集。这极可能是因为 Bentley 公司在建筑业已经建立了一个由众多专业化小软件组成的产品链。

Graphisoft 公司的宣传则更强调 BIM 是基于开放标准的协同，这显然与 Archicad 长于建筑专业、需要与其他软件合作才能完成一个完整的项目设计的产品特点有极大关系。

而我国某些三维建筑软件供应商则强调利用三维模型中的信息进行建筑分析计算与辅助施工管理，这当然与我国某些建筑软件商依托于国外软件进行二次开发，长于工程应用、在图形平台受制于人有很大关系。

### 1.1.3　主流商业 BIM 建模软件在 BIM 体系中的地位

在当前工程实践中，多数人基于美国学者查克·伊斯特曼在《BIM 手册》（BIM Handbook）一书中对 BIM 建模软件的描述来选择与采购 BIM 建模软件。伊斯特曼等人认为 BIM 建模软件主要有 Revit、Archicad 等。

这些商业软件供应商一方面因技术能力与资金投入有限，不可能开发完全理想的 BIM 建模软件，另一方面为了更好地满足客户需求而不断扩充功能，并不能简单地归入 BIM 体系下的产品模型创建、过程或控制的任何单独一层。事实上目前所有 BIM 建模软件都横跨了 BIM 的三层定义，具有以下共同特点：

可以创建建筑物的数字模型。但一方面信息并不完整，而另一方面模型中的信息还不能全部便捷高效的提取利用。

不仅可以创建模型，还可以进行分析计算。但一方面并不能覆盖所有的分析计算，另一方面各种分析计算能力都比较弱，不能与专业的分析计算软件相比。

可以基于开放标准输入与输出数据。但一方面输出的数据还不能被其他软件快捷高效的利用，另一方面不能快速跟进最新的开放标准。

因而，无论 BIM 建模软件还是 BIM 理论体系都处于发展过程之中，目前的 BIM 建模软件与围绕这些软件的产业生态都会在未来几年发生巨大的变化。但这些尚未成熟的软件及其实施体系已经具备巨大的价值，并在将来拥有极为光明的前景。因为 BIM 建模软件在技术与理论上都有重大突破。

## 1.2　BIM 建模软件在技术上的突破与不足

自二维 CAD 进入中国市场以来，我国建筑软件供应商对 Autocad 等软件进行了深度的二次开发，涌现出天正、鲁班与鸿业等大批软件产品，这些产品大大提升了设计分析计算的质量与效率，为我国建筑业的发展做出了重大贡献。

Revit 在中国推广发展的同时，这些软件也完成了三维化与构件对象化，它们与 BIM 建模软件有很多相似之处，也有一些不同。

## 1.2.1　天正等软件与 BIM 建模软件的相似点

天正等软件的功能已经非常强大，可以满足查克·伊斯特曼在《BIM 手册》（BIM Handbook）中所定义的 BIM 建模大部分特点。

**1. 天正等软件也是基于一个三维数据库工作**

尽管天正等软件并不以 Autocad 的三维功能为核心，但天正等软件事实上也建立了一个信息丰富的建筑产品数据库，不仅包含几何与非几何属性数据的建筑构件的数字化表达，而且内嵌了丰富的智能参数化规则（这些规则更符合我国建筑业的标准与规范）。

**2. 天正等软件也具备三维可视化能力**

天正等软件可以调用 Autocad 的三维图形功能展示设计成果，与用户进行可视化交流，便于沟通理解。

**3. 天正等软件中信息也是智能关联的**

天正等软件也是面向墙板柱等工程对象进行操作的，也是高层次的抽象，并不是基于圆柱、线条等几何实体的出图。数据高度关联，在删除一道墙时，墙上的门窗也可以自动删除。

**4. 天正等软件也可以生成多种视图**

用天正等软件完成设计后，也可以自动生成平立剖等多个视图，也可以生成门窗表等明细表。当构件被修改时，不同视图（指平、立、剖图纸与大样图以及明细表等）的相关信息也自动随之一更改。

**5. 天正等软件也可以进行各种分析计算**

天正等软件也可以对建筑物进行日照、风、热与节能分析，其分析计算结果比当前 BIM 建模软件的分析结果更准确。

## 1.2.2　BIM 建模软件与天正等软件的不同

尽管天正等软件在三维、智能、分析计算等方面已经有相当强的能力，数据的结构化程度还高于当前的 BIM 建模软件，但由于其核心技术的缺陷，难以在数据协调性、丰富性以及分析计算等方面进一步提高，而 BIM 建模软件在这些方面取得了革命性的突破。

**1. BIM 建模软件以对象关系数据库为基础**

天正等三维建筑软件本质上是以关系数据库为核心的，由于关系数据库对数据的结构化有非常高的要求，很难处理图形等半结构化数据与非结构化数据，因而天正等软件不只直接处理三维图形数据，这些软件中的几何图形与构件参数是分离的。他们用少量的参数在关系数据库中描述三维实体的关键特征，通过一组二维矢量参数调用 Autocad 的图形功能生成三维图形，导致这些软件只能处理比较规则的三维实体（例如圆柱体与长方体等）。这与他们不是 Autocad 的开发商，只能通过 Autocad 软件提供的接口调用 Autocad 各种功能，不能按自己的需求定制与改造软件模块有很大关系。

而 BIM 建模软件用对象关系数据库处理工程数据，图形作为一个对象嵌套在构件对象内部，图形数据与非图形数据结合非常紧密，可以用网络模型管理三维图形实体数据，能够创建与管理各种造型复杂的构件信息。

**2. BIM 模型中包含完整的图形信息**

BIM 建模软件的模型中不仅有三维实体的点、线、环、面、壳（Bentley 的 Microstation 等使用 Parasolid 内核的软件只有点结面环体）、体等几何信息，描述了这些几何实体之间的拓扑关系，还包含生成几何实体的各种过程参数与约束关系。由于模型中包含了构成墙板柱等实体的所有面的信息，就可以判断与计算墙与墙、墙与板等构件间共享的相交面，在某个构件的某个驱动参数发生变化时，可以计算它与相临构件的相交面的移动与变化，进而推算相临构件在形体上应有的变化，实现一处改变、处处更新。

由于 Autocad 在三维参数化与约束求解能力不足等原因，基于 Autocad 开发的天正等软件中只有几何实体的过程参数与约束关系，只能基于构件与标高轴网之间的行为关系，不能直接处理构件之间的行为关系。

此外，由于 BIM 建模软件所创建的模型中拥有面与壳等信息，就可以在面上加载表面精度与载荷等信息，为基于模型生成模板脚手架提供了可能性。在机械制造业中，利用模型上的信息设计模具与选择加工工艺早已是 CATIA、Solidworks 等软件的基本功能。

**3. BIM 模型拥有更强的数据承载能力**

由于 BIM 建模软件采用了对象关系数据库，各种几何与非几何数据、结构化与非结构化数据都可以作为构件的子对象嵌入构件对象中，因而 BIM 建模软件所创建的模型拥有更强大的数据承载能力。理论上，所有与构件相关的数据与文件都可以关联或搭载在构件对象上，信息丰富程度大大提高。

**4. BIM 建模软件具有更强的构件自定义能力**

对象关系数据库为 BIM 建模软件提供了对象创建修改的自由度，用户可以根据项目特点按自己的需要创建与修改构件对象与图形对象，这在很大程度上释放了设计师的创造力，让他们可自如地创作作品。

而天正等软件只能使用厂家提供的构件对象，按软件所预设的规则进行建模与出图，无法与 BIM 建模软件相比。

**5. BIM 模型可以基于构件实体进行精确分析计算**

由于几何信息创建与表达能力不足、数据不够充分等原因，传统的天正与 PKPM 等软件往往采用以简单经验公式与经验值为核心的算法进行分析计算，高度依赖标准与规范的发布与修订。这些标准规范为了便于操作，只能采取高度简化的算法与规则。

例如我国规范中规定房屋高度超过 28m 的 9 层住宅建筑结构等混凝土建筑物需按《高层建筑混凝土结构技术规程》JGJ 3 进行结构设计，与 9 层 27m 的结构设计采用差异很大的设计方法。从 27m 到 28m 的结构规律本应是一个渐进的连续变化过程，但在标准中却是一个阶梯状的突变过程。在传统工具下，这种方式是一种不得已的选择，因为如果高度每增加1m都制订一本专门的技术规程，将使这套规程复杂与庞大到无法被设计师学习掌握。

BIM建模软件中可以在模型中加载三维实体的完整信息与各种材质的物理性能信息，理论上可以利用负载、构件几何信息与材质等各种相关信息进行分析计算，这是回归材料力学与建筑力学本质的算法，可以在计算精度上实现质的突破，有望从根本上减少因算法过于简化被迫增加安全储备所导致的"肥梁胖柱"等现象，可以更加有针对性地加强结构的关键部位和薄弱部位。同时也可以不再在设计软件与分析软件中分别建模，实现信息复用，减少重复劳动。

### 1.2.3　BIM建模软件发展中存在的问题

目前BIM建模软件产业还处于形成过程中，无论产业本质还是产业外部的生态环境都还不成熟，产业链还存在很多问题，还需要漫长的发展进步才能真正缔造一个新的时代。

**1. 某些BIM建模软件的推广模式违背了自然规律**

BIM作为信息系统的一种，应该符合包括诺兰模型在内的信息系统的一般规律。诺兰模型是美国人诺兰对200多个公司、部门发展信息系统的实践经验的研究成果。诺兰发现所有信息系统的建设需要经过起步、扩展、控制、集成、信息管理和成熟六个阶段，由于每个发展阶段都与某一学习过程相互关联，是一条不可逾越的学习曲线。

任何一个信息技术在应用初期都是通过一些单机软件开始的，用单机软件代替一部分手工劳动，从而提升工作效率，为企业节约成本费用，提升了企业的数据处理能力，逐步在企业各个部门中推广。

此后才有了控制与集成的技术条件、经济条件与人文条件，从管理计算机转向管理信息资源，开始使用数据库和远程通信技术，整合原有的软件与系统，建立集中的数据库，采用统一的数据技术、统一的处理标准，在企业中共享信息资源。

诺兰模型已经被各种信息技术发展历史所证明，例如机械制造业也是在CAD、CAM、CAE与CAPP等技术都已经初步成熟之后，才开始形成推广PDM（产品数据管理）与PLM（产品全生命期管理）的。

在软件功能与性能都有严重缺陷的情况下，某些BIM建模软件供应商为了推销软件，选择以建筑全生命期信息管理为卖点，没有分别在设计、分析计算、施工管理与运维管理等方面提升软件的效率与效果，试图依靠软件功能丰富性弥补软件性能的不足，最终在不成熟的内核上搭载了一个航空母舰，运行非常笨重。客户体验很差，严重影响了软件的推广速度。

**2. 机械制造业PLM中的先进技术尚未完全引入建筑业**

目前机械制造业CAD产业基本可以按复杂曲面造型能力与信息集成能力划分为高中低端三个等级。

其中高端CAD系统主要有CATIA、UG、I-DEAS等，中端产品主要有Solid-Works、Solid Edge、Pro/e和Inventor等，而低端产品主要有AutoCAD、Microstation等。这种等级划分结果在制造业得到普遍认可，也在产品单价及企业销售收入中有所体现。

但目前为止，BIM 建模软件产业还是由来自制造业低端 CAD 的厂商主导。Auto-CAD 与 Microstation 的三维能力与信息集成能力都相当有限，基于这种产品开发的软件即使冠以 BIM 的概念，其能力也相当有限（例如基于 Autocad 开发的 Civil 3D 等）。Revit 脱胎于早期的 Pro/e，与后来 Pro/e 的升级产品 croe 相差很远。CATIA 虽然是 CAD 领域的高端产品，但针对建筑业的改造相当有限，基本上是以制造业通用软件的功能强行满足建筑业的特殊需求，带来一系列的问题，难以商业化普及。

很多 BIM 实践者基于机械制造业高端 PLM 的水平制订了 BIM 实施目标，但这些目标并不被主流 BIM 建模软件支撑，导致这种 BIM 实施从开始阶段就已经不可能成功，一次次的失败严重挫伤了 BIM 实践者的积极性。

**3. 当前 BIM 建模软件专业化不足，工作效率低下**

任何一种软件产品，最主要的使用成本都不是软件采购成本，而是使用中的人工与管理成本。设计师学习 BIM 建模软件、成年累月用 BIM 建模软件设计出图累积下来的人工成本往往是 BIM 建模软件价格的几十倍，因而软件的使用效率对软件的推广非常重要。Autocad 在中国的推广普及离不开天正、鸿业等二次开发者在设计效率上的贡献，由于这些软件嵌了大量的建筑业规则，能够基于建筑业规则批量快速的生成构件与图元，大大降低了设计师的工作量，大大推动了设计信息化的发展。

而建模效率与专业化之间具有明显的正相关关系，这些高效软件往往是高度专业化的。比如天正软件在房屋建筑领域应用广泛，但极少有人用来设计桥梁或公路。鸿业软件用专门的产品（路立得）进行公路设计，也是基于这样的原则。

BIM 建模软件行业还没有形成底层平台与建筑专业应用之间的分工，往往靠一套原生系统包打天下。用这些原本为中小型住宅建筑设计阶段应用而开发的软件去处理整个建筑业全生命期管理是个极为痛苦的过程，给用户带来极大的使用成本，大大增加了设计师的工作量，影响了 BIM 建模软件的推广速度。

**4. BIM 模型的信息提取技术尚不成熟**

BIM 建模软件在对象关系数据库中存储了大量的工程信息，但目前的 BIM 建模软件中的构件信息读取效率极为低下，如何高效提取处理应用这个工程信息是个亟待解决的问题。

例如在 Revit 中了解一个墙构件的完整信息需要先在平面图、立面图（或三维视图）中找到这面墙，点击这面墙后才能在墙的属性浏览器中看到墙的定位线、长度体积等基本尺寸参数，然后需要点击编辑类型按钮才可以在跳出的对话框中看到墙材质功能等非几何信息，此后还要点击结构栏中的编辑按钮才可以看到墙体由哪些层构成，了解各层的信息还要进一步点击各层的相应按钮。

了解一个普通墙构件的基本信息需要点击二十余次，耗时近一分钟，而一个中型建筑物往往有数十万个构件，任何一个工程师都不可能花几十万分钟去研读设计成果。目前还只能依靠二维图纸与设计说明文字来理解设计意图，不能完全发挥 BIM 建模软件的优势。

**5. BIM 时代的软件产业生态尚未形成**

类似 BIM 建模软件的研究虽然已有四十多年历史，但这类软件直到十几年前才开始被市场接受，相关的产业链还没有成型。

　　一方面建筑业中还没有出现类似机械制造业计算机辅助工艺设计（CAPP）、计算机辅助工程（CAE）与计算机辅助制造（CAM）与产品数据管理（PDM）的商业品软件，基于特征模型（计算机可解读的建筑信息）的建筑全生命期管理缺少工具支持。

　　另一方面大多数主流工程管理或企业管理软件与 BIM 建模软件之间还没有有效的数据接口，无法有效利用 BIM 模型中的信息。

　　此外，利用三维产品信息辅助工程管理工作的很多关键理论研究还没有完成。例如在结构计算方面，尽管有限元分析在制造业已经得到普遍应用，可以充分利用三维模型的几何信息进行分析计算，计算结果也基本符合工程需要。但这是因为金属的物理性能相当稳定可控，相关的分析计算理论已经非常成熟。建筑业的主要工作对象是岩土与混凝土，很多关键理论还处于半假说阶段，不能直接用来分析计算。就连土究竟是连续体还是离散体之类的基本认识也都有很大的争议，各种理论模型的计算结果与工程实际相差甚远，需用大量的经验系数对理论计算结果进行调整。这种半理论半经验的计算离不开对历史数据的挖掘分析。在 BIM 之前，由于缺少工具支持，只能按高度简化的方式研究与积累数据规律。从有了工具体到形成相应的算法，还需要一个相当漫长的时间进行数据研究积累。

　　因此，目前的 BIM 建模软件还只是打开了一个金库的大门。只有完全吸收制造业的先进技术，优化现有工具软件，建立健全相关软件体系，在理论与实践上完成一系列的突破以后，建筑业才能完全享受这个金库中的财富。

# 1.3　主要 BIM 建模软件简介

　　除 ArchiCAD 之外，主要 BIM 建模软件都是从机械制造业参数化特征建模软件针对建筑业特点发展而来。

## 1.3.1　Autodesk 与 Revit

**1. 产品与公司历史**

欧特克（Autodesk）公司创立于 1982 年，及时抓住了 PC 机与 Windows 推广普及的时机，成为二维 CAD 的市场领先者。该公司一直试图从低端市场向高端市场延伸，1996 年发布了特征建模软件 Mechanical Desktop（MDT），稍后又推出 Inventor 软件，但这些产品在制造业中端 CAD 市场明显弱于 Solidworks 等产品，销售收入有限，一直在寻求高端市场的突破口。

Revit 软件的祖先可以追溯到 1969 年成立的 Computer Vision（CV）公司，该公司曾经是三维 CAD 时代的领导者，该公司中的一部分人在 1985 年辞职出来成立了 PTC（Parametric Technology Corp）公司，开创了参数化设计时代。1997 年，PTC 公司的两个工程师 Irwin Jungreis 和 Leonid Raiz 在剑桥创立了 Charles River Software，把 Pro/E 的技术思想应用到建筑行业中，开发了 Revit 软件。

2001 年 Autodesk 公司收购了 Charles River Software，大力推广 Revit 软件，在

建筑业市场上发力，占有了目前最大份额的 BIM 建模软件市场。

**2. 产品相对优势**

Revit 从一开始就定位于建筑业，Autodesk 公司投入大量人力物力对 Revit 进行了功能拓展与性能优化，充分发挥了 Autodesk 公司擅长人机交互设计的优势，软件易懂易学。

软件从一开始就借鉴制造业三维 CAD 的零件编辑器技术开发了族编辑器，让不懂软件开发的建筑工程师可以根据需求制作构件，经过多年发展，网络上积累的构件库（族库）已经基本满足大多数行业的满足建模的需求。

Autodesk 公司比较重视建筑业与中国市场，不仅是建筑业的专用功能开发投入最大的特征建模软件，也是唯一在软件产品本身进行了充分中国化定制的 BIM 建模软件，易于中国工程师学习掌握。软件功能最齐全，建筑、结构与机电各专业比较平衡。

**3. 产品相对劣势**

Revit 系统架构所存在的问题一直影响着 Revit 竞争优势的发挥。Revit 的原始开发者并不是 PTC 公司的技术核心人员，并未完全掌握 Pro/e 的核心技术。产品开发思路更接近软件项目开发而非软件产品开发，既没有科学的系统架构设计（无论用面向组件或面向服务等）也没有采取迭代开发策略。因为软件模块化不足的原因，Revit 的功能函数之间结合非常紧密，修改时往往牵一发则动全身，修改风险极大。

Autodesk 公司在收购 Revit 之后，没有从根本上改写 Revit，一直在原内核上修修补补，在最核心部分仍然在沿用十几年前的代码。这种摊大饼打补丁的软件升级方式虽然降低了技术风险，但系统模块化不足带来了很多问题，一方面软件中累积的低效代码太多，非常笨重，对内存与 CPU 的消耗大（即民间所说 Revit 软件非常"吃资源"）；另一方面也不容易吸收利用当代先进的软件技术，在很多关键模块上至今还在采用二十年前的软件技术。例如早在十年前多核 CPU 就已经成为主流技术，而 Revit 在很多地方还只能单线程计算，难以发挥新硬件技术的优势。

与多数当代 BIM 建模软件一样，Revit 软件所隐含的工作流程与建筑设计的工作逻辑有冲突。建筑设计是一个自上而下、逐步求精的过程。初步设计或施工图设计时，建筑与结构工程师只需要考虑功能空间围护与承载等因素进行主体结构设计，直到室内外设计时才需要确定与装修有关各层的材料与做法。在二维 CAD 时代，主体结构设计与装修做法描述是可以分离的，很容易响应设计流程。但在 Revit 的设计模式下，在主体设计时就必须在族中确定族类型，族类型中已经确定了面层的装修做法，此后修改装饰做法的技术非常复杂，需要事先按功能空间对族进行精致的规划，用组替换功能批量修改构件才能实现，这给设计师带来很多麻烦。类似的，机电设计是个计算与建模并行的过程，计算工作量远高于建模。给排水工程师往往先计算根据用水量与负荷再确定水管管径和用水设备型号，而 Revit 中却是先选择管构件与用水设备型号再进行计算，跳过了最主要的计算过程。

很多类似的问题导致 Revit 很难深入到设计过程中，其技术思路更接近计算机辅助三维制图而非计算机辅助三维设计。对于二维施工图设计已经完成再创建三维模型的人来说，Revit 是一个非常便捷的工具。而对于直接三维设计出图的人来说，Revit

是个十分别扭的工具，这是当下二维翻三维盛行的极为重要的原因。二维翻三维成为主流技术之后，又形成了翻模型的产业生态，市场上常见的构件库（族库）往往仅有准确的几何与非几何信息，未内嵌设计逻辑，不符合设计师的需求，进一步阻碍了 Revit 向三维设计方向的发展。

此外，Autodesk 公司自身缺少基于三维特征模型的分析计算与信息集成的技术积累，所收购的 Ecotect 等产品大多是传统技术思想的分析计算软件，与 Revit 有很多基本工作原理上的冲突，整合难度极大（至今仍然没有完成整合）。Revit 从计算机辅助三维制图走向计算机辅助三维设计与信息集成的路还非常漫长。

### 1.3.2　CATIA

#### 1. CATIA 的历史

CATIA 源起于美国 IBM 公司和洛克希德（Lockheed）公司在 1966 年联合开发的 CADAM 系统，1975 年法国达索飞机公司从美国洛克希德飞机公司购买了 CADAM 系统的源程序，于 1977 年（一说 1981 年）发布了计算机辅助三维交互造型系统 CATIA（Computer-Aided Three-dimension Interactive Application）开创了三维 CAD 时代。20 世纪末，在 CATIA V5 版本用面向组件的思想对软件进行了根本性改写，并将系统从工作站移植到 PC 机上。

CATIA 从一开始就得到 IBM 的支持并至今得到 IBM 公司的强大支持，技术实力雄厚，始终站在计算机辅助设计与产品信息管理的前列。

#### 2. 产品优势

CATIA 的产品系统非常完整而又强大，在计算机辅助设计、计算机辅助分析、计算机辅助制造与产品信息管理等方面都有成熟产品而且大多占据最高端位置，能够提供目前 PLM 所涉及的绝大多数技术。

CATIA 系列产品拥有强大的底层平台，组件化与模块化程度高，容易进行二次开发。而 CATIA 在制造业的庞大用户群中有大量二次开发人才，很容易招募人才进行建筑业应用的开发，拥有良好的产业生态。

#### 3. 产品劣势

CATIA 是一个通用的制造业（含建筑业）的建模平台，并没有按建筑业的规则组织数据，缺少专门针对建筑业的应用组件，没有面向建筑业工程师的人机交互界面支持，软件难学难用，在建筑业工作效率低下。软件的高价格与建模分析的高人工成本让 CATIA 在建筑业的应用停留在科研与个别高大难项目上。

将来 BIM 市场的发展成熟，商业利润足以吸引达索这种年收入三十多亿美金的企业进行针对性研发之后，CATIA 有实力成为 BIM 建模软件行业的主导企业之一。

### 1.3.3　Archicad

#### 1. Archicad 的历史

Archicad 于 1987 年由苏联科学家 GáborBojár 发布，是最早的商业 BIM 建模软件。早期的 Archicad 建模能力很弱且人机交互极不友好，软件学习成本高、建模效率十分低下，更接近一个软件原型而非一个成熟的商品软件，在相当长的时间里没有得到推广，发展缓慢。直到 20 世纪末引入了参数化特征建模技术并优化了人机交互之后，才逐步在建筑专业得到应用与推广。

**2. 产品优势**

Archicad 是唯一一个纯粹建筑业基因的 BIM 建模软件，工作逻辑与建筑师的设计思路比较相近，基本符合建筑设计的流程，人机交互界面友好，对建筑师而言易学易用。

Graphisoft 公司十分注重与其他软件的协作，是 openBIM 的发起者之一，对 IFC 标准的支持力度较强。

**3. 产品劣势**

Graphisoft 公司的企业规模与其他主要 BIM 建模软件供应商存在量级上的差距（Bentley 年销售收入近 10 亿美金，Autodesk 公司 20 多亿、达索公司 30 多亿），资金与技术实力的不足导致 Archicad 在底层平台上差距巨大，软件的集成性、曲面造型能力以及构件自定义便捷性等方面都弱于其他供应商。

目前优势仅集中在房屋建筑工程的建筑专业设计，机电以及施工应用基本上是插件水平。

针对中国用户的定制极为不足，不仅没有按中国标准规范开发中国版本，连操作界面的中文化都还没有做好，其翻译水平相当于翻译软件，界面上很多中文词汇非常难以理解，多数工程师宁可使用英文界面。

### 1.3.4 Bentley 公司与 Aecosim Building Designer

**1. 产品历史**

奔特利（Bentley）的源头是开发过世界上第 1 套商业化的交互式电脑辅助设计系统（IGDS）的鹰图（Intergraph）。Keith Bentley 在 1985 年成立了 Bentley Systems 公司，沿用 IGDS 架构开发了基于 PC 的 CAD 系统 MicroStation。后来针对建筑业的特点在 MicroStation 平台之上开发了 Aecosim Building Designer，拥有了当代意义的 BIM 建模软件。

**2. 产品优势**

Bentley 的 Microstation 虽然在 CAD 市场上与 Autocad 并称为低端产品代表，市场份额也明显不及 Autocad，但 Microstation 很早就开始在特征建模技术上发力，其三维能力、参数化能力与特征建模能力远非 Autocad 可比。基于 Microstation 平台开发的很多分析计算软件包括 GIS 软件都已相当成熟，良好的市场反应反过来推动了 Microstation 的发展，目前 Microstation 已经是个集成性、功能与性能都相当稳定的平台，这为 Aecosim Building Designer 奠定了良好的基础。

Aecosim Building Designer 与 Microstation 之间的关系虽然与天正和 Autocad 的关系很接近，但由于 Aecosim Building Designer 与 Microstation 是同一家公司开发的，相互之间非常透明，Aecosim Building Designer 相当充分地利用了 Microstation 的各种功能，操作顺畅，不同版本间兼容性好，利于协作（不像 Revit 那样 2015 版本软件打不开 2017 版本文件，2017 版软件不能保存 2015 版文件，迫使设计团队选用同一版本的 Revit 软件，给设计管理带来很多障碍）。

Bentley 公司在建筑业的产品链比较齐全，各专业的能力也比较均衡。

**3. 产品劣势**

Bentley 公司在建筑业的投入有限，Aecosim Building Designer 只是一个介于插件与独立软件之间的产品，软件内置的建筑业元素较少，在复杂项目上需要设计师自己制作很多构件，但 Aecosim Building Designer 的构件自定义能力较弱，导致设计师制作构件比较复杂，难以对构件行为进行定义。只有掌握软件开发技术而又有较强建筑专业知识的人才能真正比较高效的设计出图，软件使用门槛较高。

Aecosim Building Designer 软件也没有专门针对中国市场开发，不仅内嵌中国的设计标准很少，其中文版在很多细节界面上仍然是英文界面，不利于中国工程师学习掌握。

# 第2章
## 工程数据库

BIM 建模软件与其他各种软件产品一样，都是由数据、程序和文档组成，其中数据主要包含数据项与数据结构。当前数据组织方式主要有文件与数据库两种，而程序最早来源于函数，现在已经发展成为数据的加工处理方法。随着面向对象技术的发展与成熟，绝大多数软件都由封装了数据与方法的对象拼装而成，软件产品结构变得越来越复杂，但并未改变其由数据、程序与文档组成的本质。

CAD 系统与 BIM 建模软件作为一种软件产品，也遵循这些软件的基本规律，仍然由数据与程序组成，可切分为工程数据库、数据库管理系统、图形系统、方法库与建模程序五大模块。其中工程数据库与数据库管理系统又被合称数据库系统，数据库管理系统、图形系统、方法库与程序都是程序的一种。只是由于这些程序特别复杂，开发成本特别高，同时又具备高内聚特性，往往被单独划分为一个模块。

这些模块中，工程数据库是其核心，是 BIM 建模软件的信息源，是连接应用程序、方法库及图形处理系统的桥梁（图 2-1）。无论是交互设计、分析、绘图或数据控制信息的输出，都必须建立在这个公共数据库上。

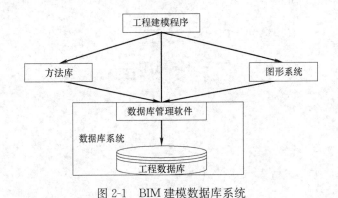

图 2-1　BIM 建模数据库系统

# 2.1　工程数据库的特点

## 2.1.1　工程数据的分类

在建筑信息建模过程中要利用和生成大量的工程数据。主要包括：

**1. 设计和分析数据**

BIM 建模软件所生成与引用的数据非常复杂，其中一部分是各种设计规范和标准以及建筑产品的技术参数，这些数据是表达设计成果的静态数据，另一部分是设计过程中生成的数据，如产品结构、造型方法、技术要求等数据，这些数据具有高度的动态性。

**2. 项目的施工生产数据**

BIM 模型在施工阶段应用时，需要查找一系列的标准、工艺数据和项目管理数据，同时还生成大量的施工过程数据，这些数据同样具有动态特性。

**3. 专家知识和推理规则**

BIM 建模软件中集成了很多专家的经验知识和推理规则。

### 2.1.2 BIM 建模对工程数据库的要求

由于 BIM 建模软件的特殊要求，它所采用的工程数据库具有以下特点：

**1. 数据类型特别复杂**

由于工程数据结构复杂，语义关系丰富，BIM 建模软件对传统的对象关系数据库进行了改造，不仅能支持复杂的数据类型，还能支持多对多关系、递归关系等复杂数据结构的描述。

**2. 动态处理模式变化的能力强**

由于设计过程和施工过程中产生的数据是不断变化的，要求工程数据库管理软件能动态描述数据，既能修改数据库中的值，又能修改数据结构的模式。

**3. 很强的版本控制管理能力**

由设计是一个设计—分析—再设计的反复过程，设计者经常要对设计过程进行回溯，并重新进行新一轮的设计。工程数据管理软件能记录设计过程中的历史数据，使设计回溯到一个合理的阶段，不致使整个设计推翻重新开始。同时设计对象的版本管理应能提供多个设计者并行更新同一设计对象的机制。

**4. 支持工程设计事务管理**

工程设计事务是长达以小时、天或周计的长事务，长时间封锁某一设计对象，将严重影响设计的并行性。工程数据库软件需能够解决工程长事务中对设计对象的封锁、恢复和共享问题。

**5. 较强的权限控制能力**

建筑设计是一个众多设计者共同参与的设计环境，为了安全起见，访问设计对象、数据库资源时，对各类设计人员给予一定的权限范围，可以控制一些非法用户访问或修改数据库。

## 2.2 关系数据库概述

关系模型是目前最重要、应用最广泛的一种数据模型，当前所有主流数据库软件都具备关系数据库系统的主要功能。当代 BIM 数据库都是在关系模型基础上，融合了对象模型的工程数据库，其数据存储方式具有较强的对象模型特点，而其数据管理主要应用了关系数据库技术。一般把几何数据用网状模型处理并嵌套于对象关系数据库中，模型中的大多非几何信息也都用关系模型处理。因而有必要对关系数据库的原理进行一些基本的探讨。

### 2.2.1 关系模型的数据结构

关系模型是以集合论中的关系概念为基础发展起来的数据模型。在关系模型中，基本元素包括关系、关系模式、属性、元组、域、关键字以及关系实例等。

### 1. 关系

在关系模型中，任何一个对象都可以用一个或多个关系来描述，关系就是定义在它的所有属性域上的多元关系。在数学角度上任意关系都有多个属性，每个属性对应相应的域。关系属性的个数，称为关系的目。从形式上看，关系相当于一个二维表（Table）。一个门窗表就可以是一个关系，可表示为：门窗（窗编号、洞口宽、洞口高、单价、数量与供应商代号）（表 2-1）。

门窗表关系模式                    表 2-1

| 窗编号 | 洞口宽 | 洞口高 | 单价 | 数量 | 供应商代号 |
|--------|--------|--------|------|------|------------|
| C0921  | 900    | 2100   | 483  | 20   | 11040      |
| C1020  | 1000   | 2000   | 670  | 17   | 11042      |
| C1023  | 1000   | 2300   | 820  | 33   | 11040      |
| C1029  | 1000   | 2900   | 1050 | 20   | 11043      |
| C1032  | 1000   | 3200   | 1480 | 27   | 11044      |

### 2. 关系模式

关系数据库因其支持关系模型而得名，它以二维表形式来组织数据，由型和值两部分组成，关系模式是型，关系是值。关系模式是对关系的描述或定义，包括关系名、属性、属性对应的域集合、属性到域的映射以及属性之间数据的依赖关系，其中域的定义和映射直接说明为属性的类型和长度。

关系模式和关系是型和值的关系。一个关系模式可以对应多个关系，但在某一特定的时刻关系模式总有一个关系与之对应，即关系是关系模式在某一时刻的状态或内容。一般说来，关系模式是相对稳定的，而关系的值是相对变化的。但在很多情况下，人们通常把关系模式和关系统称为关系。

对于数据库而言，关系模式和关系实例是两个相联而又截然不同的概念。关系模式是一种逻辑设计，包括了关系名和关系的属性，相对比较稳定。而关系实例是给定的关系模式中数据的快照，相对来说经常发生变化。在关系模型中，数据库设计包含了一个或多个关系模式。关系数据库模式是关系模式的集合，简称数据库模式。

### 3. 属性

关系数据库用二维表中的列（Column）中的每个值表达属性（Attribute），由于技术上的原因，关系数据库必须指定每个属性的值的取值范围，这个取值范围来自相应的域（Domain），域是属性所有可能取值的集合。关系数据模型中关系的概念与数学上关系的概念有一定差异。在数学中，元组中的值是有序的，而在关系模型中对属性的次序没有要求。

### 4. 元组

二维表中的每一行（Row）称为一个元组（Tuple）。元组就是关系中的数据，元组的各分量分别对应于关系中的各个属性，一个关系由多个元组组成。一个建筑实体对象的多数静态特征（对象属性）都可以用一个元组描述，一个元组就可以描述一个建筑构件的信息，表 2-1 中的每一行都清晰地表达了一个门窗的部分几何与非几何信息。但三维几何实体模型的数据结构十分复杂，目前很难全部用元组描述，而构件的操作与行为更加复杂，一个简单操作往往就需要一个甚至多个关系描述，很多复杂操作的描述则远远超出了关系数据库的描述能力极限，往往需要用关系数据模型结合其他技术实现。

**5. 键**

关系的元组是无序的，元组的索引、调取与查询等功能依靠键（Key）来实现，关系的键包括候选键、主键与外键：

（1）候选键（Candidate Key）：如果关系的某一属性或属性组的值唯一地决定其他所有属性的值，即唯一地决定一个元组，而其任何真子集无此性质，则这个属性或属性组称为关系的候选键，或简称为键。候选键可以有一个到多个，甚至所有属性都是候选键，但一个关系至少要有一个候选键。

（2）主键（Primary Key）：从候选键中选定一个为主键（Prime Key）。主键也称为关键字（Keyword），用来识别和区分元组，它应该是唯一的，即每个元组的主键的值是不能相同的。

（3）外键（Foreign Key）：如果关系中的属性或属性组不是本关系的键，而是引用其他关系的键，则称为此关系的外键。外键提供了表示实体之间联系的手段。BIM建模软件大量利用外键方法建立各种对象间复杂的联系，引用与调取各类数据。

## 2.2.2　关系模型的数据操作

关系模型中数据操作的特点是集合操作方式。即操作的对象和结果都是集合。这种操作方式也称为一次一个集合的方式。关系模型中常用的数据操作包括查询操作和更新操作两大部分。查询操作有选择、投影、连接、除、并、交、差等；更新操作有插入、删除和修改。查询操作是关系模型中数据操作的主要内容。

关系模型中的关系操纵通常用代数方法或逻辑方法来表示，分别称为关系代数（Relation Algebra）和关系演算（Relation Calculus）。关系代数是用对关系的运算来表达查询要求的方式。关系操作的结果仍为关系，可以再参与其他关系操作，由此可以构成对关系的各种复杂操作。关系演算用谓词来表达查询要求的方式。关系代数与关系演算均是抽象的查询语言，具体的DBMS中实现的实际语言并不完全一样，它们可用作评估实际系统中查询语言能力的标准或基础。除了关系代数与关系演算外，很多数据操作是基于SQL语言进行的，这是一种介于关系代数与关系演算之间的操作方式。

## 2.2.3　关系模型的数据完整性约束

数据完整性是指数据库中存储的数据是有意义的或正确的。关系模型中的数据完整性规则是对关系的某种约束条件。关系模型的完整性约束主要包括三大类：实体完整性、参照完整性和用户定义的完整性。

**1. 实体完整性**

实体完整性规则要求：每个关系都必须有主键，各元组的主键的值不能相同，主键的属性（即主属性）值不允许取空值。所谓空值就是"不知道"或"无意义"的值。

之所以要求每个关系都必须有主键，是因为主键可以唯一地确定一个元组；如果两个元组的主键的值相同，则无法区分这两个元组；而如果某一元组的主键的值为空值，则说明存在某个无法识别的实体。

**2. 参照完整性**

参照完整性也称为引用完整性。参照完整性约束是不同关系之间或同一关系的不同元组间的约束。

**3. 用户定义的完整性**

任何关系数据库系统都支持实体完整性和参照完整性。除此之外，不同的数据库应用系统根据其应用环境的不同，往往还需要一些特殊的约束条件，用户定义的完整性就是针对某一具体应用领域定义的数据库约束条件。它说明某一具体应用所涉及的数据必须满足的语义要求。例如：学生的"年龄"属性的值不能大于 100 或小于 5，"性别"属性的值只能是"男"或"女"；选课的"成绩"属性的值不能小于零等。一般情况下，用户定义的完整性实际上就是指明关系中属性的取值范围，即属性的域。因此，用户定义的完整性也称为域完整性。

### 2.2.4 关系的类型

关系可以有三种类型：基本关系（又称为基本表或基表）、查询表和视图表。基本表是实际存在的表，它是实际存储数据的逻辑表示。查询表是查询结果对应的表，是基本表的一个子集，对应了实际存储的数据的一部分，是基本表的子集。

例如用户在表 2-1 中查询代号为 11040 的供应商所供应的门窗数量与价格时，就创建了一个新表，这个表就是查询表（表 2-2）。

门窗查询表    表 2-2

| 窗编号 | 洞口宽 | 洞口高 | 单价 | 数量 |
|---|---|---|---|---|
| C0921 | 900 | 2100 | 483 | 20 |
| C1023 | 1000 | 2300 | 820 | 33 |

视图表是由基本表或其他视图表导出的表，是虚表，不对应实际存储的数据。例如在公司财务人员结算时，需要获取门窗的总价信息。财务人员并不需要重新把每个产品的总价都输入一次，只需把每个产品的单价与数量相乘就可以获取如下图所示的总价信息表（表 2-3）。

门窗视图表    表 2-3

| 窗编号 | 单价 | 数量 | 总价 | 供应商代号 |
|---|---|---|---|---|
| C0921 | 483 | 20 | 9660 | 11040 |
| C1020 | 670 | 17 | 11390 | 11042 |
| C1023 | 820 | 33 | 27060 | 11040 |
| C1029 | 1050 | 20 | 21000 | 11043 |
| C1032 | 1480 | 27 | 39960 | 11044 |

总价信息可以不在计算机内存储，每当需要获取时只需重新计算一次，就可以调

取相当信息，从而避免了数据的冗余与出错。

### 2.2.5　关系规范化简介

并非所有数据都可以用关系数据库软件有效操作处理。特别是数据有冗余时。当数据存在冗余时往往会导致数据修改非常复杂，当更新某些数据项时，可能出现一部分修改了，而另一部分字段没有相应修改所造成存储数据的不一致性现象，其他还有数据插入异常、数据删除异常等。

当关系模式不符合关系数据库软件的某些要求，软件会认为使得某些属性之间存在着"不良"的函数依赖。因而关系模型对关系模式有很高的要求，只有规范化的关系才能用关系数据库技术处理，不同数据库软件对关系模式的规范化要求不同，同一数据库软件对不同程度规范化的关系模式的处理能力也可不同。关系模式规范化的关系是根据属性间的函数依赖关系。

要让关系数据库管理软件能够有效地管理与操作数据，必须让数据模式是要使它满足不同级别的范式。目前常用的已经有五个级别的范式（NF）。

通过模式分解把属于低级范式的关系模式转换为几个属于高级范式的关系模式的集合，这一过程称为规范化（Normalization）。规范化是一个复杂的工作，而且并非所有数据都软化为达到要求的规范化程度，这决定了关系数据库有其适用范围（图2-2）。

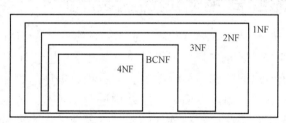

图 2-2　数据模式五个级别的范式（NF）

## 2.3　工程数据库管理

工程数据库是指在机械设计制造与建筑设计、施工项目管理工中所建立数据库技术，这种技术主要应用于 CAD、BIM 建模软件与 CAM 软件中。由于在工程中的环境与要求的特殊性，工程数据库与普通信息管理中数据库有着很大的区别。

### 2.3.1　BIM 模型对数据库管理软件的挑战

BIM 建模软件对数据库有很高的要求，难以被一般的商业数据满足，主要是：

**1. 数据结构复杂**

BIM 模型数据结构非常复杂，不仅包括结构化数据，它还包括图形、长文本、表格、线图、数学公式等非结构化数据，而且在设计推进过程中，数据数量不断增大，类型不断增多，还要不断修改和补充；数据联系复杂在数据元素之间存在复杂的联系，其中一对多、多对多的联系比较普遍。这种密切的联系，构成复杂的网状结构，从而使数据模型十分复杂。

**2. 数据的一致性难以保证**

工程数据中存在大量从项目的初始模型推导出的二次数据，一旦初始模型被修改，导出数据也就失效，需要重新计算，用新的数据取代失效的数据，以保持数据库中数据的一致性。

**3. 模式具有动态性**

项目设计施工过程中，技术人员建立的几何数学模型或特征模型的结构会经常修改，要求工程数据库模式能支持这种动态修改，能进行动态数据的定义、删除和恢复等。

**4. 数据的使用和管理复杂**

由于工程数据类型多，结构复杂，数据之间语义联系丰富，数据的使用和管理自然是多样化的，数据的查找、调用、存储和组织的具体实现都会因数据类型的不同而不同；数据的使用和管理复杂由于工程数据类型多，结构复杂，数据之间语义联系丰富，数据的使用和管理自然是多样化的，数据的查找、调用、存储和组织的具体实现都会因数据类型的不同而不同。

### 2.3.2　工程数据库管理软件的发展形成过程

工程数据库管理软件是 BIM 建模软件的一个子系统，是 BIM 建模软件形成与发展的支撑技术。这种技术研究和开发工作最早开始于 20 世纪 70 年代末期。由于当时的主流数据库技术仍然以网状和关系模型为主，工程数据库软件主要是基于关系数据库软件或网状数据库软件在用户界面和数据结构进行了扩充，并对这两种数据模型进行改进和混合，初步满足了简单建模软件的需求。随着面向对象的数据模型的发展与成熟，由于其描述能力强、易于扩展、既能描述复杂对象的结构特征也能刻画对象的行为特征等优势，逐步成为支撑 BIM 建模软件与 CAD/CAM 集成系统中的核心数据模型，各 CAD 与 BIM 软件厂商把商用关系数据库或对象关系数据库软件改造成为工程数据库软件，大大提升了 CAD 与 BIM 建模软件的功能与性能。

### 2.3.3　工程数据库管理软件的总体结构

**1. 工程数据库系统的分层结构**

建筑信息模型数据主要可以分为静态数据和动态数据两种。其中静态数据是指那些在设计过程中很少修改或不需要修改的数据，这一部分数据包括各种设计规范和标准以及系列化模块化产品参数等；动态数据是指在建模过程中需要经常进行改动的数据，它们随着设计的进行变化，包括值的变化和模式的改变，这一部分数据可以是设计过程中生成的数据，如产品的结构分析、图形、构件定位、技术要求、材质等数据。

为了这些工程数据的创建、存储与管理，大部分工程数据库的物理存储模式采取了项目模型、子模型和工作数据库三个层次的数据结构。其中项目数据库存放公共数据，包括整个项目的地理位置、标高和轴网等整体布局数据等，例如 Revit 的项目样板与 Bentey 的 Microstation 的工作空间都属于项目公共数据的范畴；子模型数据库存放与各专业有关的公共数据，为该专业所有人所共享，是项目数据库的子集；工作数据库是特定设计过程中的工作数据，为具体负责此项工作的设计师独有，供上层数据调用或组拼成上级数据库（图2-3）。

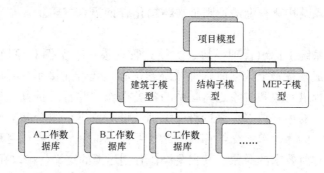

图 2-3　工程数据库系统的分层结构

这种分层结构需要系统具备用户权限设置、数据完整性一致致性校验等功能，任何一个设计师开始时，可以从项目数据库中提取数据或通过项目数据库读取他人创建的、被录入全项目数据库的数据。阶段性工作完成时，再通过系统把设计结果写回项目数据库。项目中已授权许可的设计师可以通过从项目数据库提取所需数据。工作数据库为某位设计师所独占，设计师可自由操作数据库，即使对于同一数据，也不必时时关心是否与其他设计师的工作数据是否一致，只有向项目数据库或子模型数据库载入模型时，才做一致性检查，这种关系也存在于不同的子模型数据库之间。这种技术的好处是允许数据库系统在一定阶段，一定范围内的数据存在不一致现象，这对各设计师在推敲自己的设计方案时有足够的自由度，不受他人干扰。

**2. 工程数据库管理系统的体系结构**

采用分层结构的工程数据库管理系统一般都由用户接口子系统、对象管理子系统、存储管理子系统、项目管理器、用户权限管理和数据字典六部分组成（图2-4）。

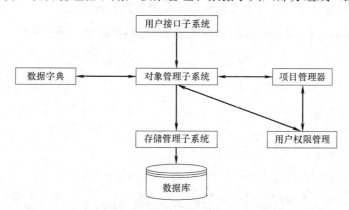

图 2-4　工程数据库管理系统的体系结构

其中用户接口子系统是数据库与程序模块的接口，这里的用户指 BIM 建模软件的开发者或软件程序，而非操作建模软件的建筑设计师，设计师操作的接口是人机交互界面，属于程序软件的范围。用户接口子系统又由图形用户界面和对象结构化查询语言（OSQL）两个部分组成。

图形用户界面是用户进行数据定义和数据操纵的主要工具，用户可以在图形用户界面的操作平台上利用所提供的工具进行类的定义和修改，实例对象的删除、插入、修改等操作。对象结构化查询语言则是在结构化查询语言（SQL）基础上引入面向对象概念扩充而成。

对象管理子系统由标识管理模块、类模式管理模块、实例对象模块、方法模块、约束管理模块组成，是整个数据库管理系统的核心，起着连接用户界面与存储管理子系统的作用，它提供对象和对象之间联系的各类操作，并且维护其一致性。它接受用户接口子系统送来的用户请求，进行语义识别，将对象进行组合和分解，把对象分解为实例，作为基本的存储单元交给存储管理子系统。同时它用存储管理子系统取来数据创建与管理用户所要求的对象。其主要操作有创建类的定义，修改存在的类的定义，删除旧类，创建新的对象。修改新的对象，删除对象等。

存储管理子系统主要负责对象在外存的存储进行管理，并负责对象的内存格式和磁盘格式进行转化，实现对内存缓冲区的管理以及索引的维护，其核心任务是要实现高效率的实例存取操作。

项目管理器负责对各全局、项目、私有数据库进行管理，各用户以项目为单位进行设计。权限管理器负责对用户进行授权，用户通过项目管理器对整个设计任务进行管理。项目管理器负责各层次之间数据提取与数据交换等管理任务，负责数据的一致性检验，通过对象管理子系统实现对数据库模式、实例对象、方法和约束的管理。

用户权限管理部分针对数据库的不同层次以及不同的对象，赋予不同层次的用户以不同的操作权限，以维护数据库的安全。

数据字典中不但包括了对象类的所有语义信息，而且还包含了各对象类的方法和约束信息，对于对象的建立、修改、删除和查询，定义和操纵对象与各类实例之间的关系都是通过对数据字典的管理进行的。通过在高速缓存对数据字典进行操作，避免了对外存空间的频繁读写，从而大大提高了系统的运行效率。

# 第3章

## BIM建模软件的工作原理

国际上的CAD与BIM建模软件产业都是少数几个企业竞争的寡头垄断市场，各企业将系统架构等关键技术视为技术机密，仅发布了软件的基本工作原理，极少泄漏细节。而国内CAD软件行业及相关研究机构往往有较深的高校背景，其学者与科学家角色远高于工程师角色，主要研究方向是解决当前CAD技术中存在的缺陷和问题，大量投入在云计算、互联网、标准化及CIMS等前沿理论与技术上，较少为开发高质高效的软件提供技术与理论支持，相关的研究有时被指责华而不实，与市场上商业软件的架构有较大出入。本书所介绍的系统架构主要依托国外商业软件发布的资料与软件论坛的技术交流，辅助以笔者对软件文档的解读与理解，以及笔者与软件厂商的开发人员交流得来的信息进行提炼得出，因而与国内文献的相关内容有一定差异，细节上也很可能有一定的出入。

# 3.1  BIM建模软件的结构

CAD与BIM建模软件的体系架构有面向数据、面向控制、面向组件与面向服务等形式，目前以面向组件、面向服务或更高级的体系架构为主，其中面向组件是主流技术。

BIM建模软件在物理上的系统结构一般由三个层次组成：应用层、通用平台层、核心层。核心层主要指支撑CAD软件开发的一些核心组件，主要包括几何造型引擎、约束求解器、图形管理器、知识库、数据库管理系统和真实感图形渲染组件等；通用平台层指商业化的CAD软件平台、由草图设计、零件设计、工程数据库系统、装配设计、零件库、工程图、数据交换接口和通用构件开发工具等模块组成；应用层是在核心层和通用平台层的基础上开发的，具有特殊行业共性的专业化设计软件工具集和应用系统，其中建筑行业共用的工具集与应用系统就是BIM建模软件。CAD软件供应商采购各种核心层组件，并自主开发通过平台层组件开发CAD软件，高端CAD往往自主开发核心层构件或者对核心层组件的功能进行重大扩展，以提升软件功能。而BIM建模软件往往采购CAD软件或借鉴CAD技术，针对建筑业特点开发。

由于BIM软件市场尚处在初步形成的过程之中，各BIM软件厂商的技术实力与制造业CAD巨头差距较大，一般不会自行开发核心组件或者对核心组件进行重大扩展，他们往往在CAD平台软件基础上，把零件设计模块改造为建筑构件编辑器（Revit称之为族编辑器）、装配设计模块改造为项目建模器、零件库改造为建筑构件库（Revit称之为族库），内嵌建筑知识与规则，形成为建筑业专用的软件。例如Bentley公司Aecosimbuilding designer是基于microstation CAD平台开发的，Digital Project是基于CATIA CAD平台开发的；Magicad是在AutoCAD平台上开发的；而Revit虽然是自己开发了通用平台层和建筑行业应用层，但在技术逻辑上相当于在PRO/E CAD平台早期版本进行的二次开发，不过在系统的性能以及对CAE、CAM的集成能力等方面远远不及PRO/E；Archicad也自行开发了通用平台层或建筑行业应用层，其GDL（图形建模语言）在技术逻辑上相当于通用平台层，其几何造型能力、设计分析与施工应用的集成力能与制造业的高端CAD平台相距更远。

尽管不同厂商的BIM建模软件在物理上有一定差异，但在逻辑上都是以创建、存储、管理与显示建筑产品数据的系统。按工作过程可分为工程数据库、特征建模子系统、产品数据存储与管理子系统、显示渲染子系统、交互子系统和附属模块组成（图3-1）。

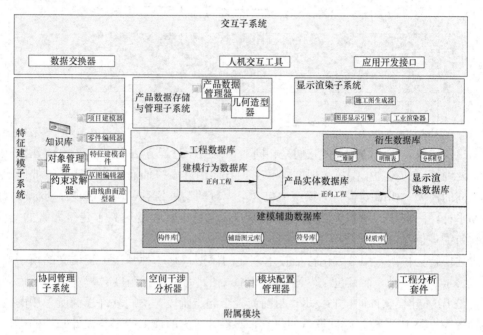

图 3-1　BIM 建模软件的结构层次

### 3.1.1　工程数据库

建立工程数据库是建模软件工作的目标，一切 BIM 应用都是数据的创建、管理、提取和应用的过程。BIM 建模软件的工程数据库由产品对象模型数据库、辅助数据库、衍生数据库和附属数据库组成。

建筑产品对象模型数据库是工程数据库的核心，由建模行为模型、产品实体模型和显示渲染模型组成；辅助数据库包括辅助图元库（轴网、标高与参照平面等）、符号库、构件库、材质库等为了生成模型或从模型上生成各类交互视图所需的非产品实体的对象数据库；衍生数据库包含分析模型、二维图、明细表等从核心数据生成的各类数据，这些数据与模型之间有明确的映射关系，在本质上是产品实体数据库的不同视图。显示渲染模型本是这些视图的一种，由于它特别重要且消耗了大量的内存与 CPU 资源，因而所有 CAD 软件结构的文献中都将其专门列出；附属数据库则指产品说明书、现场图片等数据，大多是非结构化的，一般以链接的形式与模型关联（图3-2）。

**1. 建模行为模型**

建模行为模型是面向用户（设计师）的模型，反映了设计师的思考与设计行为，是一种动态的过程模型，蕴含了模型创建的行为、过程与方法（含约束），过程方法不同，则模型不同。例如，一个矩形柱可以用一个矩形拉伸而成，也可以用四条相互垂

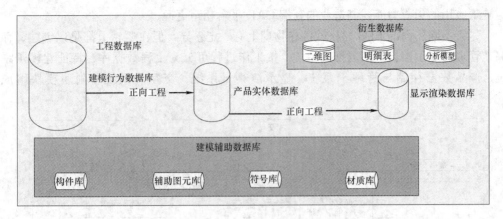

图 3-2  建筑产品对象模型数据库示意图

直的边拉伸成，作为静态实体它们是相同的，但由于过程方法不同，在 BIM 建模软件中是两种不同的行为模型；类似的，一个长方体用底面拉伸而成和用侧面拉伸而成也是不同的模型。BIM 建模行为模型中包含了大量的约束信息，例如墙顶面与标高参照平面平行，门洞是一种基于墙体的存在等，其信息丰富程度远高于建筑元素的几何、材料与物理信息。

建模行为模型是用参数化特征技术创建的模型，是一种基于工程语义的模型，不仅包含了设计成果，而且包含设计的思想和意图，是从工程角度对建筑产品的最高抽象，是 BIM 建模软件的核心技术，目前尚处于起步阶段，不同软件厂商所采用的技术差异极大，是 BIM 建模软件竞争的焦点，对设计行为的模拟能力与设计知识的丰富程度是评估 BIM 建模软件最主要的标准。由于建模行为模型的复杂性，目前只有同一厂商软件创建的模型才能无损的信息交换，STEP 标准已经拥有一些对行为模型数据交换的支持，这种标准距离工程生产的要求还比较遥远，只能支持有限的交换，而 IFC 尚不具备对设计行为数据交换的支持能力。

**2. 产品实体模型**

产品实体模型是面向计算机（主要是 CPU 与内存）的模型，表达了设计结果，是一种静态模型，是建筑产品物理与功能属性的表达，其竞争焦点在于提升计算机数据存取与计算效率。产品实体模型是计算机内部对建筑产品的描述，是建筑产品较低层次的抽象，是 BIM 建模软件与其他建模软件（例如 CAM 的制造模型、CAE 的分析模型等）共用的技术。目前普遍采用构件、体、壳（部分软件不设这一层）、面、环、线、点七层次数据结构。各类分析与计算软件都是基于实体模型进行的，是当前水平下 BIM 建模软件与其他软件数据交换的主要接口（包括分析软件与可视化软件 3Dmax 等软件数据传递），IFC 当前阶段的工作目标是建立产品实体模型交换的能力。

产品实体模型中也有自己的建模过程、技术与方法，但这些过程、技术与方法是计算机生成三维图形的过程、技术与方法，而建模行为模型的方法则是设计师操作构件（含三维图形）的过程、技术与方法，这是两种不同抽象层次的方法，因而在 BIM 建模软件中的几何造型器必须具有把建模行为模型转换为产品实体模型的功能。产品实体模型的图形主要采用表面实体模型与构造实体模型结合的混合建模技术表达，其复杂性远不能与参数化技术相比。受当前软件技术水平所限，目前用软件自动判断不同方法生成的模型是否是同一个实体仍然是一种经济上不划算的工作，但它们是同一个产品实体模型的本质决定了其显示效果相同、由这些模型进行分析计算的结果完全相同。

**3. 渲染显示模型**

渲染显示模型是面向显示器的模型，模拟了三维建筑实体在平面显示器上的视觉效果，在平面显示器上显示为像素的集合（图像），这是最低层次的抽象，是所有三维软件共用的技术，主要技术在三十年之前就已基本成熟，近年来的研究主要集中在显示效果与效率的提升上，IGES 等数据交换标准已经初步满足工程需要（虽然还有一些细节问题），所有三维软件都可以在这一层次上集成。国内各类可视化 BIM 应用往往聚焦于这个层次，但由于这仅是视觉感受层次的抽象，其工程价值有限，往往沦为一种形象工程与营销工具，难以发挥 BIM 的价值。

**4. 三种模型的对比**

由于抽象层次与算法复杂性的不同，各种模型的文件规模与计算机的要求有一定差异。建模行为模型的数据量最大，算法最复杂，对计算机的计算能力要求最高；实体模型数据量最小，对计算能力要求较小；而渲染显示模型为满足各类显示而用面片（三角面片为主）模型表达曲面，又需要进行光照阴影等处理，因而文件较大，当对显示效果要求很高时，在显存中的文件很大，但在同等显示效果时对计算机运算能力要求最小。由于当代计算机技术已经把相当一部分显示处理工作交由硬件处理，内存与硬盘中的文件并不比产品实体模型大很多。

目前国内为了模型展示产生了较大的模型轻量化需求，开发了很多以几何实体模型为主、以链接的形式关联非几何信息的产品，这种技术比较类似三维 GIS 的信息处理方法，只能以几何实体模型而非建筑构件模型处理与管理产品信息，能力有限，其工程价值与发展前景非常值得探讨，国外类似软件大多难以得到用户认可而销售困难或者被 BIM 建模软件商以较低价格收购，作为产品线的补充。

**5. 三种模型的关系**

BIM 建模软件工作的核心就是从用户操作电脑创建行为模型，电脑用行为模型生成实体模型，再从实体模型生成显示模型和二维图，最终在显示器上用平面位图（图像）表达建筑产品，这个过程被称为正向工程或顺向工程，而从实物测量生成图像或三维点云创建实体模型、从二维图生成三维模型以及从实体模型生成行为模型等技术则属于逆向工程的范畴，有的文献中称之为反求建模。目前的主要研究方向是从实物测量创建实体模型与从二维图生成实体模型，实体模型生成行为模型尚有很多理论与技术上的难题需要攻克，距离生产实践还非常遥远。

建模软件在运行过程中同时处理行为模型、实体模型与显示模型，依靠约束求解器、对象管理器、二维图生成器、数据库管理系统和知识管理器的共同作用保证数据的一致性，最终达到物理上的多个模型在逻辑上保持一个模型的效果。

## 3.1.2　特征建模子系统

建筑建模子系统主要负责建筑产品模型的创建，是 BIM 建模软件的最主要的功能模块，由约束求解器、知识管理器、曲线曲面造型器、草图编辑器、三维几何特征建模器、构件设计器、项目建模器等组件构成（图3-3）。

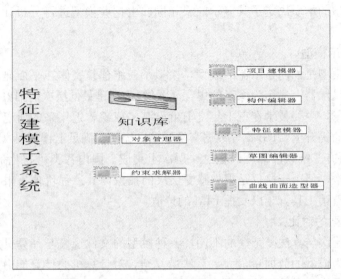

图 3-3　特征建模子系统图

**1. 约束求解器**

约束求解器亦称约束求解引擎，负责提供二维、三维约束求解算法，是实现参数化的基础，为草图设计、构件设计、项目设计、构件库等功能模块提供算法支持。是BIM与CAD软件内部技术含量最高的模块之一，目前仅有英国D—Cuded公司能够提供商业化产品，其核心算法至今未公开发布，主要负责以下工作：二、三维变量几何的约束求解过约束、欠约束的判定和处理和大规模几何约束的快速处理等。

**2. 知识管理器**

知识管理器提供产品设计知识表达、获取、推理和建模工具。提供一种知识架构使用户能够把知识作用于设计过程，利用参数约束、设计原则等知识性的规则提供知识重用工具，形成嵌入到BIM建模软件中的知识管理机制。目前这类产品主要供应商有KTI等公司，由于多数BIM建模软件厂商的资金与技术实力远不及制造业高端CAD巨头，对知识管理器的改造与拓展十分有限，主要依靠集成了建筑业知识的构件库（例如Revit的族库）提供相关功能，而基于国外建筑业规则的构件族并不完全符合国内需求，在软件的用户自定义能力较弱的情况下，导致知识管理的能力与效率低下，成为BIM价值实现的一个重要障碍。

**3. 草图编辑器**

草图编辑器模块负责实现参数化的二维草图设计，是几何特征造型、几何造型和构件设计器（例如Revit的族编辑器）的基础，也为体量推敲提供技术支持，广泛应用于CAD、BIM建模软件和其他几何造型软件中（例如Sketchup、Rhino等），主要功能是：

点、直线、圆（圆弧）、椭圆、自由曲线等基本图元的创建；

基本图元的圆角、剪切、等距等编辑操作；

二维参数化设计，具有动态导航功能，支持几何元素（包括样条曲线等高级几何元素）之间的约束，自动捕捉设计者的设计意图。

**4. 特征建模器**

特征包含形状和功能两大类属性，包括产品的特定几何形状、拓扑关系、典型绘图表示方法，使设计工作在更高层次上进行。特征建模器包括几何特征建模器、公差建模器以及管理信息建模器等，所创建的特征除了包含几何特征如墙、洞口、门窗之外，还包含非几何的信息，如公差、材料、制造过程和相关的成本，以及有关定位及其相关的信息等，目前主流 BIM 建模软件仅几何特征建模器较为成熟（CATIA与 BENTLEY 公司的 Aecosim building designer 除外），在施工工艺、公差、管理等方面还很弱，而公差特征是质量应用的基础、工艺特征是施工技术应用的前提，这导致当前 BIM 软件在施工技术与管理方面的应用能力有限，将来这类技术引入 BIM 软件后，将带动 BIM 在质量、安全管理的广泛应用，也将极大的深化 BIM 在施工方面的应用。

几何特征建模器可以为后续应用提供带有特征信息的模型，支持建筑产品和构件的造型（目前主要支持构件造型）。为构件设计、项目建模、制图、干涉检查和工业渲染等功能模块提供支持。

**5. 曲线曲面造型器**

曲线曲面造型器是建筑产品复杂外形表达的工具，发端于汽车与飞机制造业，目前广泛应用于建筑产品的方案设计阶段。主流 BIM 建模软件的曲面造型与实体造型的融合能力还比较弱（CATIA 除外），曲面造型能力及其与其他曲面造型软件的结合能力是将来 BIM 支持建筑全生命期信息无损传递的基础。

曲线曲面造型器与特征建模套件一起为构件设计器、项目建模、制图、干涉检查和工业渲染等功能模块提供支持。

**6. 对象管理器**

负责对建筑产品对象及辅助对象（如标高、轴网等）进行定义和管理，负责确定各类梁、板、柱等构件的属性集和特征集，但并不负责确定其具体的属性值，此功能由草图编辑器、几何特征建模器和构件编辑器等模块负责；同时负责管理不同对象的关系与行为，不仅建立同类对象的封装、继承与概括等关系（例如 Revit 的族与类别之间的关系），而且负责各对象之间的行为，例如楼板升高时相关的柱应当相应变长，这些功能一般通过调用知识管理器和约束求解器的相关模块实现。制造业高端 CAD 软件的特征建模器往往同时包含几何特征建模器与对象管理器的功能。

**7. 构件设计器**

构件设计器源自机械 CAD 的零件设计器，通过调用几何特征建模器与曲线曲面造型器所提供参数化的三维构件建模工具，实现实体建模与曲面建模混合设计，按对象管理器定义的对象行为确定构件特征间的相互关系。但由于曲面特别复杂的构件在装配成项目模型时的布尔运算对计算机硬件要求太高，占据了过多的 CPU 与内存资源，严重影响到设计效率，因而一般不提供特别复杂的曲面能力。它能完成各种的构件设计，可与施工图生成器等模块混合使用，也可在项目设计模式下进行构件设计（例如Revit 的内建族），还提供了直观的快速修改和模式转换工具。

**8. 项目建模器**

项目建模器是机械 CAD 的装配设计模块按建筑业特点改造后的专用模块，是 BIM 建模软件所独有（机械制造业 CAD 软件的零件设计器具备构件编辑的能力），与机械 CAD 的最大区别是基于标高轴网的定位机制与工程语义求解，Revit 与 Archicad 等专门为建筑业开发的软件在这方面的技术较为成熟，而 Bentley 与 CATIA 等从制造业改造而来的 BIM 建模软件并未充分发挥标高轴网的作用。项目建模器主要负责建立构件和部件（例如 Revit 的组、嵌套族等）之间的装配关系，具有面向装配的三维构件设计与二维图设计能力，负责定义构件拼装时的装配约束，例如接触、偏差、同轴、共面等，像搭积木一样在计算机中把构件拼装成建筑物，能够按需要对构件进行移动和改变方向，其他相关联构件自动根据需要进行移动以保持接触，并为新构件留出合适空间。让构件之间始终保持所定义的装配约束关系；提供交互功能，用户可以非常快速地检查所做修改的效果，识别已破坏的装配约束关系，并让系统重新建立这种约束关系。

由于主流 BIM 建模软件并未开放足够的对象行为管理接口，用户很难自己设计制作高智能的构件，而且构件制作是一种极为费时费用的工作，大多数构件并非由用户自己制作，而是从软件厂商提供的构件库中调用构件。因而厂商提供的构件库质量极为重要，它们提供的构件库的适用性是选择 BIM 建模软件的一个非常重要的指标。

### 3.1.3 产品数据存储与管理子系统

产品数据存储与管理主要由产品数据管理器和几何造型器组成（图 3-4）。

图 3-4  产品数据存储与管理子系统图

**1. 产品数据管理器**

提供内存结构化数据和文档数据的访问、管理功能，保证行为模型、产品模型、显示模型以及其他视图的一致性和持久访问。在功能上是一种对象关系数据库管理系统，一般是一种从商用关系数据管理系统改造而来的数据库软件，主要负责管理构件的几何与非几何的静态属性，材质功能等非几何信息往往用二维表（关系数据模型）管理，几何图形数据难以结构化，目前多为网络模型，一般用专门的子数据模块管理，利用对象管理器调用实现构件几何与非几何信息，以保证信息的完整性。

**2. 几何造型器**

亦称图形核心系统、几何造型引擎或图形平台（有些文献所说的图形平台指 CAD 支撑软件，例如 CATIA、AUTOCAD 等，本文采用了图形平台即几何造型引擎的说法），几何造型引擎提供了基本的几何造型功能，包括曲线造型、曲面造型、实体造型等，能够表达构件编辑器、项目建模器和曲面曲线造型器所创建的几何信息，商用几何造型器也有一定的特征建模功能与渲染显示能力，与专业特征建模软件与可视化软件之间拥有高效的接口。采用线框、曲面、实体统一表示的非流形几何拓扑结构，提供集合运算工具，支持线框、曲面、实体三种模型的混合表示和造型。

主要几何造型引擎有 Parasolid、ACIS、OpenCaseade 等。

### 3.1.4 显示渲染子系统

BIM 建模软件可以用二维与三维两种形式展示建模成果，通过二维图生成器、图形显示引擎与工业渲染器把三维信息模型用二维图像在显示器上展示（图 3-5）。

图 3-5 显示渲染子系统

**1. 施工图生成器**

施工图生成器提供了二维参数化施工图绘制与标注能力，与构件编辑器、项目建模器、符号库等相结合，可从三维模型自动生成各类二维视图，从核心数据库提取信息自动产生二维尺寸标注，根据构件的材质自动产生剖面线与填充图案；通过自定义的标准形式来填补尺寸，可以生成符合国家或行业制图标准的施工图。

由于 BIM 建模软件的主要购买者来自欧美市场，目前各类 BIM 软件针对中国制图标准的开发做得非常不够，用 BIM 软件设计并按中国制图标准出图的技术比较复杂，目前国内只有少数精通设计技术与软件功能的工程师掌握此项技术。

**2. 图形显示引擎**

图形显示引擎用于建模时的二维、三维图形显示和图形管理，可以消除隐藏线与隐藏面，快速进行真实感图形渲染和高度真实感图形渲染。显示质量较低，占用计算机资源较少，设计速度较快。

目前大多数 BIM 建模软件的图形显示引擎是 DirectX，这类软件只能运行于 Windows 操作系统之上，优点是效率较高、功能较强；也有基于有 OpenGL 的产品，往往可以同时运行于 Windows 和 mac OS 平台，由于跨平台与效率之间是天然矛盾性，其显示效率略为低下。

**3. 工业渲染器**

工业渲染器一般都是在图形显示引擎（OpenGL、DirectX 等）基础上进行开发的专业可视化软件，能够提供更真实的显示效果，可以按用户需求配置不同的显示质量。由于显示效果并不是 BIM 建模软件的核心技术，大多数厂商并不自行开发或拓展工业渲染器，一般采购或收购商业化渲染工具（Fuzor 等），用来处理消隐、光照、融合、雾化、纹理和丰富材质的高品质渲染以及漫游浏览等问题。通过实时的、真实的显示效果和高质量效果图，向客户展示设计效果、进行商业宣传等。

工业渲染器一般可以提供 GIF、TIFF、JPEG 等图像文件格式的输入输出接口和提供 AVI 等视频文件格式的输出接口。

### 3.1.5 交互子系统

交互子系统主要处理数据库与数据库、数据库与人、数据库和其他应用程序的数据交互问题（图 3-6）。

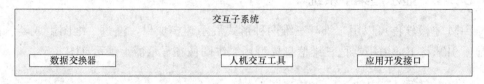

图 3-6 交互子系统图

**1. 人机交互工具**

BIM 建模软件提供了系列的人机交互程序，在接收到操作鼠标、键盘等输入设备的定位、选择等指令时，按用户要求调取和运行相应的程序模块，创建或操作数据，并在显示器上直观反馈操作结果，提高了程序的易用性。

**2. 数据交换器**

为解决多人、多专业与多企业在项目的不同阶段采用不同软件时的信息交换问题，BIM 建模软件一般都利用数据库的数据管理功能，建立核心数据库与常用交换标准或格式的映射关系，以支持多种格式的数据交换和共享。

数据交换器一般以实现以下数据交换格式的一种或几种：

国际标准数据交换（如 IGES、IFC、STEP、VRML 等）；

工业标准数据交换（SAT、DXF、DWG 等）；

常用二维三维软件间一对一的数据交换（如 Revit 的 rvt、3Dmax 的 3ds、Microstation 的 pgn 等）；

与 WORD、EXCEL、PDF 等通用文档的数据交换等。

**3. 应用开发接口**

应用开发接口一般被称为二次开发接口，提供了对系统内部的产品数据和功能函数的访问接口。

### 3.1.6 附属模块

除了完成建模基本功能之外，BIM 建模软件还有一些辅助的模块，主要有空间干涉分析、协同设计管理、应用开发接口、模件配置管理以及工程分析功能（图 3-7）。

图 3-7 附属模块图

**1. 空间干涉分析器**

空间干涉分析器对 NURBS 曲面与几何实体等构件的几何特征进行空间干涉检查、

验证和分析，国内一般称之为碰撞检查，BIM 建模软件一般提供基本碰撞检查功能，要求较高的碰撞检查一般由专业的碰撞检查软件实现。

**2. 协同管理子系统**

BIM 建模软件大都提供了一些简单的协同管理功能和基本的用户管理、网络管理协同能力，负责控制系统的执行流程，采用事件驱动的执行流程，是用户交互消息和应用服务消息的分发和处理中心。BIM 建模软件在这方面的能力非常弱，这种所谓的协同管理距离真正意义的协同管理软件还有多个量级的差距。

**3. 模件配置管理器**

提供系统模块的配置功能，负责管理系统中的各模块的注册、注销、加载、卸载等。

**4. 工程分析套件**

BIM 建模软件利用 CAD 支撑软件所提供的模拟模块按建筑业规则改造后，开发了一些模拟计算模块（Revit 与 Archicad 是自行开发），能提供一些简单的照明、受力、能耗等分析与计算功能，由于这些计算是一种技术含量极高、专业化程度很高的工作，BIM 建模软件的计算能力暂时还不能与专业的分析软件相比。

# 3.2 BIM 建模软件的功能

理想的 BIM 能够对建筑产品的设计、施工以及运维全过程的信息进行处理，包括设计、施工中的设计分析、出图、工程数据管理、施工工艺设计、工艺仿真等多个方面。当代的软件理论研究与开发实践都已经证明，这些工程不可能由一个软件实现，只能由多种类、多模块、多厂家共同建立的软件体系共同完成，其中由 BIM 建模软件实现的功能有如下几种。

## 3.2.1 建筑信息模型创建

项目建模与构件建模是当代 BIM 建模软件的核心，为设计、施工提供基础产品数据，也为各种分析计算提供原始信息。BIM 建模软件能够定义基本几何实体及实体的关系，能够提供基本体素与建筑构件的几何信息对象原型，按设计产品的几何形状与大小，进行建筑构件设计与组件设计，并将这些构件与组件装配成为项目模型；软件还能够动态地显示三维图形，解决三维几何建模中复杂的空间布局问题；利用几何建模功能，用户不仅能构造各种产品的几何模型，还能动态的观察修改模型，或者检查各构件、子模型的拼装结果。

## 3.2.2 建筑形象构造

建筑形象是建筑体型、立面处理、室内外空间的组织、建筑色彩与材料质感、细部装修等的综合反映。建筑形象处理得当，就能产生一定的艺术效果，给人以一定的感染力和美的享受，能够体现建筑艺术形象的魅力。BIM 建模软件利用各个模块分工合作，协调统一的建立建筑形象模型，为建筑形象构造提供了集成化的工具，改变了传统上用几何造型工具（比如 Sketchup、Rhino）进行形体推敲、二维 CAD 进行立面设计、文档软件做材料说明并用可视化工具（3Dmax 等）观察色彩效果的局面，大大提升建筑形象构造的能力与效果。

BIM 建模软件在建立项目的三维几何实体模型后，可以用对象管理器为项目添加材质属性，存入产品实体数据库。工业渲染器从产品实体数据库中读取建筑物的几何与材质信息，再用从材质映射库中读取的纹理效果，建立显示模型，通过渲染、光照等工序之后，在显示器上向设计师展示其设计项目的三维效果，便于设计师推敲其设计方案。

BIM 建模软件可以用两种方法建立项目三维模型。对于比较规则的建筑形体，可以用草图编辑器建立参数驱动的二维平面，再用几何特征建模器用拉伸、扫掠等方法从二维平面上生成三维实体；对于形状比较复杂的形体一般用曲面造型器建模，可以根据离散数据或一些工程问题的边界条件来定义、生成、控制和处理过渡曲面，或用扫掠的方法得到扫掠体，建立曲面模型。

### 3.2.3  计算分析

构造了建筑产品的实体模型之后，能够根据各构件的几何形状与大小，计算出相应的位置、形体、体积、表面积、质量等几何特性和材料消耗、热工性能等非几何特性，为计算机进行工程分析与数据计算提供基本参数，包括结构分析所需要的材质、强度、刚度等参数；图形处理所需要的几何元素与拓扑关系等参数；施工工艺设计所需要的工艺参数；施工组织设计所需要的管理参数等，BIM 建模软件的计算分析模块可以利用这些参数进行一些基本的计算分析，更进一步的模拟分析一般依靠专业的计算分析软件进行。

### 3.2.4  二维出图

建筑信息建模是一个人机协作的过程，在可预见的将来都不可能单独由计算机实现，其成本不仅包含信息的生产成本（即建模成本），还包含信息的使用成本，即信息如何快速高效的被其他计算机与人读取利用的成本。如何让工程师快捷便利的按需求读取自己所需整体与部分信息，而不是花大量时间一个个地打开构件寻找所需信息是提升 BIM 技术工作效率的关键之一，二维施工图多年发展形成了很多有效的沟通理解设计意图的方法，例如：建筑平面图能够集中反映建筑物各组成部分的功能特征和相互关系，也能反映建筑物与周围环境的关系，还能在不同程度上反映建筑的造型艺术构思及结构布置等特征。另一方面讲，尽管三维图形技术已经十分成熟，但当前主要的图形输出设备仍然是显示器与打印机，它们仍然是以二维像素点集（图像）的形式表达三维图形，因而二维出图能力对提升建筑信息模型的人机交互能力非常重要。此外，在基于三维技术的制图技术环境与法律法规体系形成之前，二维图仍将长期存在，作为建筑信息合法的交付形式。

BIM 建模软件的二维施工图生成器读取产品实体数据中的几何与非几何属性，通过投影剖切计算完成从三维的几何图形向二维图形转换，再从符号库中读取相应的符号与填充图案，生成图元、标准尺寸，按生产实际要求与国家标准的规定出图。各种

BIM建模软件还有不同能力的二三维联动能力，二维图生成器所生成的二维图还可以通过约束求解器与行为模型数据库建立关联，把二维图上的尺寸软换为行为模型中的驱动参数，做到一处改变、处处更新。

### 3.2.5 设计优化

理想的BIM模型可以支持建筑产品设计施工方案的优化求解，即基于一定的边界条件，使用设计或施工方案的预定指标达到最优，包括总体方案设计的优化、可建性的优化、综合节能优化等。BIM建模软件利用不同方案的产品实体模型，调取知识库中的各类函数与算法进行分析计算，提供不同方案的分析结果，为工程师的方案选择提供依据。丰富和优化知识库，提升BIM软件的智能性，创建支持优化的信息模型以及建立智能设计软件产业链是近期BIM发展的一个重要方向。

### 3.2.6 计算机辅助施工工艺设计

计算机辅助施工工艺设计的思想来源于制造业的CAPP，工艺设计的目标是为建筑产品的施工技术管理提供指导性文件，是工程设计与项目管理的中间环节，也是BIM模型与计算机辅助工程管理的中间环节。目前由于这一环节的缺失，设计文件很难被计算机有效的重复利用，严重影响了施工管理信息化的应用与普及。例如当前的计算机辅助工程量计算（即算量软件）只能依靠标准规范（指工程量计算规范与定额）所提供的简化的经验方法与经验公式计算社会平均水平，在较粗粒度与精度上进行工程量计算，而很难依据各个项目的实际设计施工方案进行高精度的计算，提供高精度的材料计划并为进度管理提供高质量的数据。这导致当前国内的进度管理精细化程度很低，一般只执行一二级进度计划，三四级进度计划一般只出现于投标文件及科研项目当中。

理想的建筑信息模型可从模型生成的产品信息与施工要求，自动或半自动生成生产该产品的施工方法、施工步骤，选择施工设备与施工参数，为施工技术管理技术提供更精准的基础数据，也为施工项目管理带来更便捷的信息化管理手段。

### 3.2.7 建筑工业化

BIM是从制造业引入建筑业的技术，天然的工业化基因让BIM能在两个层次上支持建筑工业化。

**1. 数字化制造**

BIM建模软件所创建的产品实体模型可以被导入计算机辅助制造（CAM）软件，CAM软件实体模型的表面信息生成能生成各种零部件的加工方案，用专业的数控加工语言输入数控设备的计算机，经过编程生成加工源程序，再经前处理将源程序译成可执行的计算机指令，计算出刀位等信息，再经后处理将这些信息转换成数控加工程序，操纵数控加工设备，实现BIM模型到数控加工设备加工信息的无缝数据传递。

**2. 制品标准化**

工业化离不开配件与构件标准化、系列化的支持。系列化的同类构件的材质、构件以及构件的几何拓扑关系都是相似的，区别只在于某一组参数的取值的不同，例如同类矩形柱的区别只在于长宽高不同和由此带来的配筋的细小不同，这些不用之处都可以利用参数化技术来实现，只要更改这几个参数，就可以生成另一个标准的构件，从而为预制化构件提供有力的技术支持，助力建筑工业化的实现。

此外 BIM 还可以利用制造业的管理方法改进建筑业的管理水平，如精益制造等。甚至也有人把构件模型与物联网甚至项目管理软件的结合也当作 BIM 对建筑工业化的支持手段，严格意义上来讲，即使用构件明细表与无线射频等技术结合也可以实现相应的功能，与 BIM 之间没有必然联系，因而本书未把这些应用算做 BIM 对建筑工业化的支持。

### 3.2.8  模拟仿真

理想情况下可以在计算机内部建立一个工程项目的虚拟模型，通过运行仿真软件，代替、模拟真实项目在实际环境中的工作状态，以预测建筑产品的照明、能耗、空间可利用性等性能，同时可以模拟建筑产品的可建造性，在软件上实现材料运输、构件制作与现场施工安装过程，避免因施工方案有误带来的人力、物力浪费等风险，缩短项目设计施工周期，包括设备运行轨迹模拟、施工过程中的材料强度形成过程、受力与安全性模拟、施工过程中支撑构件应力应变模拟以及各设备的运行轨迹与部件运行轨迹的碰撞与干涉检验，以及进度模拟、材料消耗模拟、成本模拟等。

### 3.2.9  工程信息集成与互操作

项目设计施工过程中会产生种类繁多的海量数据，既有几何图形数据，又有属性语义数据；既有设计数据，又有施工数据；既有技术数据，又有管理数据；既有静态数据，又有动态数据；结构也十分复杂。理想的 BIM 可以提供有效的管理手段，支持设计、施工甚至运维全过程的信息流动与交换，以强大的工程数据管理系统作为统一的数据环境，实现各种工程数据的管理，成为项目管理系统（PM）、企业资源管理系统（ERP）、电子政务软件乃至电子商务的基础数据来源，进而可以以此为基础数据，进行数据挖掘处理，形成知识，支持智能化设计与管理。

## 3.3   BIM 技术的特性

早期的 BIM 研究者根据数据库技术、面向对象方法、网络技术、信息集成理论以及对 BIM 模型的观察理解得出了 BIM 的完备性、协调性、协同性、可计算性与可视化、可模拟、可优化、可出图等特性，后来研究者又对 BIM 增加了信息关联性、仿真性、一致性、互操作性、一体化、参数化等特点，这些特性有些在逻辑上有重叠之处，有些又被后来者拓展了原有的内涵，导致了很多对 BIM 认识的误区，归纳起来，BIM 有以下特性：

### 3.3.1  完整性

BIM 的信息完整性是当前 BIM 被误读最多的特性，有些人就此得出 BIM 模型中包含了一个工程项目从设计到运维的所有信息的推论，是 BIM 万能论的主要理论支撑之一。

首先，从认识论的角度而言人类并没有可能认识现实建筑物的所有信息，自然也就不存在由人类创建的某种技术去承载所有信息的可能性，BIM 只可能承载那些人类已经认识的信息中的一部分，是其中的一个子集。其次，仅从数据丰富角度而言，当前 BIM 模型中的数据仍然明显不及传统的纸质文件及其数字化文件（二维 CAD、电子表格等），纸质文件采用二维图、表格、图片、文字（设计说明等）多种载体表达建筑信息，没有人能够否认一套良好的设计施工文件拥有一个工程项目建设所需要的相当完整的信息。事实上人类用这套文件体系已经成功地建成了数以亿计的工程。

因为文字与图片相对于模型也有自己的特殊优势，文字的背后是人类认识现实世界的自然语言，是最原始的人类对现实世界的抽象认知，很难有人类创造的衍生抽象方式能有比原始认知更广泛的信息覆盖范围，而图片则反映了现实世界在人类眼中的视觉印象，非常接近人类对现实直接具象认识。因而图片与文字比模型更能完整地反映人对现实世界的认识。

BIM 数据相对纸质文件的优势同样巨大。数据库不仅指数据的集合，而且指数据的组织方式。BIM 这个数据库虽然没有全套纸质文件那么大的数据集合，但它用更好的数据模型组织、描述和存储工程数据，拥有更小冗余度、更高的数据独立性、更加容易扩展，更重要在于这种数据组织方式让数据可以被更多用户所共享。

因此 BIM 信息完整性并非指数据比纸质文件更丰富，而是指以下四个方面：

**1. BIM 是一种图形静态信息完备的模型**

这个观点立足于从图形学角度，静态图形完备指 BIM 模型不仅包含几何信息，还包含非几何信息（并不是指所有几何与非几何信息）。其中几何信息指 BIM 模型中包含计算图形学意义上的完整描述了工程产品实体的几何信息，不但包含三维几何实体的点、线、环、面、体等三维几何对象，也完整描述了这些几何对象之间的拓扑信息（例如一个点是三条线相交位置、一条边是两个面相交点的集合等）。而非几何信息则指明暗、灰度（亮度）、色彩等非几何要素构成的，是从现实世界中抽象出来的带有灰度、色彩及形状的图或形。图形信息的完备性保证了计算机可以与现实世界近似的视觉效果展示图形。

**2. BIM 是一种完整的构件对象数据模型**

这是立足于面向对象思想的观点。BIM 模型中不仅包含对象的静态特征还包含了对象的动态特征（不是指所有动态特征与静态特征）。BIM 模型中不仅描述了构件的静态属性，例如几何信息、材质信息、热工信息、光学信息等，而且包含了构件的行为与方法（例如用参数化的建模过程信息），甚至包含了构件之间的关系、联系以及规则，比如工程对象几何实体的生成过程信息（例如一个立方体可以由一个矩形拉伸而成，一个复杂实体可以由两个基本体素融合而成）与规则（例如约束关系，一个实体某两条线之间可以是平行关系、垂直关系，墙与柱的相临关系、相交关系等），几乎包含了当前所有主要几何信息描述技术。

**3. BIM 模型中包含了完整的建筑要素**

这是站在建筑构思的立场，BIM 模型中不仅有建筑的技术信息与功能信息，还包含艺术信息，是构造模型、功能模型与展示模型的集成。

**4. BIM 数据库符合数据完备性法则**

这是站在数据库的立场，指 BIM 模型的数据符合数据完整性约束条件，BIM 所应用的数据管理技术的一项特性，指 BIM 数据管理给定了一整套数据模型中数据及其联系所应具有的制约与依存的规则，可以限定符合数据模型的数据库状态及状态变化，可以保证数据在该约束下的正确性、有效性与相容性。

### 3.3.2  一致性

一致性有四个层次的含义：

**1. 逻辑模型与人类语言的一致性**

BIM 型与数据库以及人类同样用建筑构件的静态特征、动态特征以及相互关系来描述建筑产品，其信息载体一致、语法一致，而且语义一致。

**2. 各类工程文件的信息一致性**

从 BIM 模型中可以生成各种平立剖图形和明细表等工程文件，这些平面剖视图都是与核心数据库相互关联的，是从逻辑上唯一的数据库内按强规则生成的，而这些数据库自身又是强关联的，在本质上它们是 BIM 数据库几个不同外模式的不同投影，这就保证了各交互视图（平立剖视图及明细表等）里信息的一致性，一个信息只要在任一视图输入一次，数据库与其他视图中自动获得相应的信息，无需重复输入。

**3. 模型操作时的信息动态一致性**

BIM 模型里的对象是计算机可识别而相互关联的，计算机不但记录了各个构件对象自身的属性与操作，而且包含了行为与约束。这些行为约束不仅包含几何语义而且包含了工程语义。例如当两面墙是邻接关系，且交线为垂直约束时，其中一墙的相邻端移动则引起另一墙的相应移动，以保持垂直关系。而当用户删除一道墙时，计算机从工程逻辑上判断原来墙上的门窗失去了附着载体，不再符合工程语义完整性规则，自动删除该门窗。从而在任意一个对象发生变化时，与之相关联的对象都会按约定的规则发生变化，以保持信息在工程逻辑上的一致性，亦称为协调性或关联性。

**4. 不同的建筑阶段不同建筑应用的信息一致性**

由于 BIM 模型不仅包含几何信息，还可以加载对象名称、对象标识（ID 等）、构成材料、物理性能等设计信息和工程管理所需的生产厂商、供货时间、施工工艺等施工信息以及保修时间等运维信息，成为一个强大丰富的数据库。

将来随着工具的发展与进步，还可能实现模型在建筑生命期的不同阶段进行演化，下一阶段可以尽可能地充分利用上一阶段已创建的信息，不修改或只需简单修改就可以形成下一阶段的信息模型。理想的 BIM 模型还可以同时支持计算机辅助分析（CAE）、计算辅助工艺设计（CAPP）以及计算机输辅助施工与制造（相当于制造业的 CAM）等，减少重复创建信息所带来的成本、错误与不一致现象，降低工程成本。

一致性有时也被称为一体化，但当前的软件工具对这一特性的支持程度非常有限，很难支撑模型从方案设计逐步向初步设计、技术设计与施工图设计之间的演化。而建筑业的产品模型与分析模型之间的映射关系不仅在软件工具上还没有完全实现，学术界还有关键理论障碍尚未突破，尚不具备工程实践的前提。实践中在导入产品模型后需要做大量的前处理才能进行后续分析计算，其工作效率（特别是复杂建筑物）并不高于在分析软件中重新建模。

### 3.3.3　可计算性

指计算机可直接计算，BIM 是计算机可识别的工程信息，计算机理解模型的工程含义，就可以进行各种分析计算，模拟模型在真实世界的属性和行为，包括：

在设计阶段对建筑物的功能、性能进行模拟试验，进行节能、日照和热工等分析；

施工阶段对施工方案进行模拟分析，进行可施工性分析与成本计算等；

在运维阶段可以进行空间分析、应急方案与可实施性模拟等。

这些计算结果为工程项目的设计施工优化提供了一个很好的工具，可以让用户把不同方案进行对比，明确哪种方案更有利于自身需要，对设计施工方案进行优化，降低成本与造价，加快工程进度。

可计算性包含了模拟性、优化性与部分的仿真性（有些人把视觉仿真视为仿真性的一部化，即三维可视化），模拟性是基于 BIM 模型中的信息按工程规则进行分析计算，模拟建筑物在真实的建造过程与工作环境中可能出现的状态与反应。优化则是指在几种方案的计算分析结果去选择一种最优的方案，或者根据计算中的过程数据优化调整方案形成的方法与成果。其中碰撞检查就是利用模型几何信息，按同一空间位置不能同时位于两个工程实体内部的工程规则进行计算，以发现构件在空间上的干涉与碰撞，这在本质上是 BIM 的一个应用点，而这个点被一部分人认为是协调性。广义上，这种协调性还应包含在设计过程中用 BIM 技术发现不同参与者在几何、物理、功能与工艺的干涉和不一致，及时进行修改。对几何空间干涉的检查目前被碰撞检查，只是其中一部分，而管线综合则在碰撞检查之外还包括工艺与功能的协调等，这些都属于模型信息可计算性的应用。

### 3.3.4　协同性

严格而言，协同性并非 BIM 技术本身的特性，早在二维 CAD 时代就有大量利用 CAD 图层协同工作的研究与实践，而项目管理信息系统、办公自动信息系统等管理系统也都有协同与集成方向的拓展。BIM 的协同性主要指工程信息的可计算性提升了计算机在建筑行业的工作能力与范围，为更加智能化、自动化的协同工作与并行工程提供了技术基础。BIM 技术用产品结构进行信息拆分与组合可以非常有效率地进行人与人的分工协作，远比二维 CAD 的基于图形元素的信息拆分更有效率，利于计算机与计算机的分工协作，进行设计与施工管理，实现协同工作。

### 3.3.5　互操作性

与其他计算机技术一样，BIM 并不是一种孤立的软件技术，而是一套以人为核心的人机交互系统，数据不仅可以直接与人交互，还可以通过各种视图表达形式与人间接交互，这些视图不仅可以作为一个人机交互界面，视图自身也可以作为文件输出，视图中的元素也可以作为载体加载信息，从而成为一个构成更为复杂、功能更加强大的集成数据库。人与计算计的交互、计算机与计算机的交互以及计算机内部的各功能部分之间的交互等（其中计算机与计算机的交互属于建筑信息管理的范畴，将在《基于 BIM 的建筑信息管理原理》一书深入探讨，本书不做深入），实现人机之间、机机之间、数据库与数据库之间的互操作性。目前对于互操作性的研究尚处于非常初级的阶段，比较有代表性的 IFC、NBIMS 标准都远未达到可以用于工程实践的程度，从机械制造业工业自动化系统与集成系列标准（产品数据的表达与交换标准是其中的一个子集，又称 STEP，而 IFC 来源于这个标准）历经三十余年发展尚未完善的历史经验来看，尽管这种以互操作性为目标的开放标准价值非常巨大，但还有很长的一段要走。

### 3.3.6　参数化

BIM 的参数化一般指尺寸驱动设计修改，它与特征建模之间的相互关系尚有不同的解释，当采取参数化包含基于特征的定义时，参数化包括基于特征、全尺寸约束、全数据相关与尺寸驱动设计修改等。比较先进的建模软件还采取了变量化建模、行为建模、同步建模甚至生成式建模等技术，但这一类软件同样都具有参数化建模的能力，因此可以把参数化当成这一类技术最基本的能力。有些文献把构件的几何与非几何属性称之为属性参数，这是一种狭义解读，与当代 BIM 建模软件的特性不一致，是 BIM 就是带信息的三维模型的来源之一。

### 3.3.7　智能化

智能化指 BIM 模型中可以内嵌各种工程知识，让各种模型构件拥有各种符合工程逻辑的行为，是基于模型的一致性与可计算性的进一步拓展。有一部分研究者认为智能化还应包含对模型数据挖掘处理所形成的各种知识与智慧，严格而言这属于建筑信息管理的范畴，是对智能化的延伸。当前的 BIM 建模软件大多是建筑业通用软件或者主要应用于房屋建筑，只能内嵌一些行业共同的工程知识，智能程度较为有限，将来随着软件的专业化，其智能化程度有望不断提高。

### 3.3.8　可视化

BIM 技术可以从数据库中提取建筑物的几何信息与材质等信息，依据人的视觉原理材料的几何与光学等特性，加工成为三维可视化模型，通过显示器与 3D 打印机等输出设计与人进行交互，使用户在虚拟世界中看到拟建建筑物在真实世界中的视觉效果，还可以在三维环境中操作修改模型，修改结果即时反映在三维模型中，即"所见即所得"。

### 3.3.9　文档制作（可出图性）

BIM 数据库中的数据可以按用户需求全部或部分的提取，处理加工成各种交互视图。如线框模型、实体模型、平面图、立面图、构件明细表等，这些视图可以单独以文件方式输出，作为工程文档的一部分。

特别说明：

从 BIM 数据库提取几何与非几何信息，用图形学原理加工处理成为二维工程图只是 BIM 文档生成的一部分内容。而事实上 BIM 所能生成的文档（即 documentation），不仅包括文档、工程图与明细表，还可以用数据库等方式输出。国内很多文献将英文文献中的 documentation 称为可出图性并不准确，未能包含 documentation 的完整含义。将 documentation 译为可出图可能是因为国内早期从事 BIM 工作的人大多与 Autodesk 公司有较深关系，而 Autodesk 公司是二维 CAD 最主要的供应商，更关注出图导致这些人将 documentation 被解读为出图。

# 第4章
## 几何造型技术

# 4.1   几何造型在建筑产品建模的地位与作用

## 4.1.1   面向对象的信息模型

利用计算机进行建筑产品的设计、分析、施工工艺设计和施工项目管理等工作的技术基础是对建筑产品的数字化描述，BIM 时代的产品描述以信息模型为基础。

所谓模型（Model）是一种描述对象（Object）的数据、数据组合及数据间的关系的技术、理论与方法，BIM 模型是基于面向对象理论所创建的对象模型，内部按一定的数据结构存储并封装了数据与算法，是一种内嵌了一个图形对象的构件模型，其中图形的创建与表达是 BIM 建模软件的核心技术之一。

## 4.1.2   图形在计算机内的表达

目前计算机中表达图形的方法有两种。一种是点阵法，把图形用点阵来表示，点阵中的点都具有一定的灰度、亮度和色彩，最终表现为显示器上像素的位置、色彩与明暗，因而也叫像素图形，简称图像。另一种是参数法（这个参数是图形学的参数法而不是 CAD 的参数化建模），在 GIS 理论与图形学中称为对象法或实体法，是通过在计算机内部记录图形的形状参数与属性参数来表达图形的一种方法。其中形状参数是指描述物体的形状和大小的参数。如线段的起点和终点等；属性参数是指颜色、线形等非几何属性。通常我们把用参数法描述的图形叫作参数图形，简称图形。

在各种 CAD、BIM、计算机图形学以及各种其他三维软件中，图形已经被专指参数法的图形。构成图形的要素有两个，一种是刻画图形形状的点线面等几何要素，另一种是几何元素的显示属性，包括明暗，灰度，色彩等非几何要素，也包含线型等几何要素的表达方式，对于三维实体则是其表面属性。

## 4.1.3   图形在 BIM 建模软件中的作用

当代的 BIM 建模软件虽然是以面向对象思想为支撑，但受技术发展水平所限，不能也没有必要为所有信息都建立一个对象，往往把图形作为一个对象处理，把图形对象嵌套于构件模型之内，材质、精度、功能、工艺等各种非图形信息都以属性的方式加载于构件模型之上，而在制造业的高端 CAD 中已经有把功能、工艺等信息建为对象的技术，这种技术是 DFX（面向功能的设计）的技术支撑。

图形对象中又嵌套了一组几何模型对象，各种非几何信息有的用属性处理，比如线条长度与粗细等，有的信息则建为一个独立的对象嵌套于图形对象之中，例如表面填充图案与线型等（图 4-1）。

其中几何信息是 BIM 建模软件的关键技术，是用几何模型描述的产品对象的形状、大小、位置等几何和拓扑信息的组合。建立对象几何模型的过程，被称为几何造型，有的文献称之为几何建模。

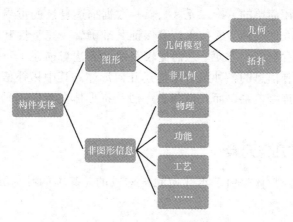

图 4-1　几何模型对象嵌套关系

### 4.1.4　几何造型技术的作用

几何造型技术主要处理三种问题：一是对实际存在的形体进行数学描述，二是创建一个新的形体，调整变量满足既定目标，第三则是直观形象地表示出所建模型的图形，即图形显示。其工作实质是以计算机能够理解的方式，用数学方法精确定义实体（三维图形），以一定的数据结构表达，从而在计算机内部构造一个图形实体的模型。通过这种方法定义、描述的几何实体必须是完整的、唯一的，而且能够从计算机模型上提取该实体生成过程中的全部信息，或者能够通过计算分析自动生成某些信息。几何造型产生的模型是对几何实体确切的数学描述或是对产品某种状态的真实模拟，能够为各种不同的后续应用提供信息，实现定义、描述、生成几何模型并能进行交互编辑。

目前世界上比较流行的几何造型系统主要是美国 Spatial Technology Inc. 的 ACIS（目前已经被法国达索公司收购）、英国 Electronic Data Systems 公司的 PARASOLID（现属于 Unigraphics Solutions Inc）。

从 20 世纪 70 年代初以来，几何造型技术已经获得了长足进步，但也仍有不少问题还没有解决或很好地解决，比如几何信息、拓扑信息和其他特征属性的快速录入问题、几何造型过程与设计过程的一致性问题以及不同软件的数据共享与协同设计问题。这些问题导致当前 BIM 建模软件的数据结构非常复杂，各种软件功能的开发与实现受几何造型软件限制，必须开发大量的额外模块弥补几何造型软件的不足，开发成本极高，工作效率还比较低下。本章并不探讨各种前沿造型理论与图形学算法，仅就当前主流 BIM 建模软件实际采用的几何造型机制与基本原理进行简单的介绍。

## 4.2　几何信息在计算机内的表达

由于客观事物大多是三维的、连续的，而在计算机内部的数据均为一维的、离散的、有限的。为了用简单的一维二元（0、1）数据描述复杂的世界，计算机图形工作者研究出一系列的几何实体定义技术，以保证其准确性、完整性和唯一性，对数据结构不断优化，使其存取较为方便，从而比较有效地表达与描述了三维实体。当代图形学用几何信息与拓扑信息的各种组合来描述几何形体。其中拓扑信息是指形体各分量的数量及相互间的连接关系，而几何信息一般是指形体在欧氏空间中的形状、位置和大小。

### 4.2.1  基本几何元素

在几何造型中，形体是由基本几何元素构成的，基本的几何元素主要有点、边、环、面、体素等。

**1. 点**

点是形体最基本的几何元素，用计算机存储、处理、输出形体的实质就是对点集与点集在不同层次连接关系的处理。尽管各线、面、体等几何元素最终在显示时都要用穷举法转化为屏幕上所有的点（像素），但在计算机内部都是用有限个点其顺序关系来定义的。即使最复杂的在自由曲线面一般由三种类型的点来确定：

控制点，用来确定曲线曲面的形状和位置，而相应曲线曲面不一定经过的点；

型值点，用来确定曲线曲面的形状和位置，而相应曲线曲面一定经过的点；

插值点，为提高曲线曲面的输出精度，在型值点之间插入的一系列点。

点是0维几何元素，其面积、体积、长度均为零，在一维空间中的点用一元组 $\{t\}$ 表示，二维空间中的点用二元组 $\{x, y\}$ 或参数法的 $\{x(t), y(t)\}$ 表示，三维空间中的点用三元组 $\{x, y, z\}$ 或参数法的 $\{x(t), y(t), z(t)\}$ 表示。

**2. 边**

边是一维几何元素，是两个邻面（正则形体）或多个邻面（非正则形体）的交界，也可以是一个非正则形体某个面的边界，面积、体积为零而长度不为零。直线边由两个端点（起点和终点）确定，曲线边由一组型值点或控制点表示，也可用显式、隐式方程表示。

**3. 环**

环是计算机为了处理有界面而创建的概念，是由一组有序的有向边（直线段或曲线段）组成的封闭边界，面积、体积为零而总长不为零。为了便于计算机区分面的外边界与中间的孔洞，人为地把环做了内外两种定义，外环确定面的最大外边界，内环确定面中孔或凸台的边界（图4-2）。

为了便于计算机识别内环与外环，人为地定义了逆时针方向排序的为外环，顺时针方向排序的为内环。因此在面上沿一个环前进，面的内部始终在走向的右侧。环中的边不能相交，相邻两条边共享一个端点（图4-3）。

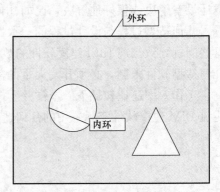

图4-2  环的概念示意图

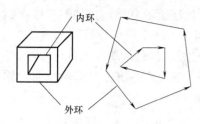

图 4-3　内环、外环结构示意图

### 4. 面

面是二维几何元素，是形体上的一个有限非零区域，有面积、有边界长度但没有体积，由一个外环和若干个内环界定其范围。一个面可以无内环，但必须有一个且只有一个外环，即一个面可有多个洞或者没有洞，但必须有且只有一个封闭的外边界。为了处理面面求交、交线分类以及真实感图形显示等问题人为地定义了面的方向性，一般用其外法矢方向作为该面的正向，反之为反向面。三维曲面可以不处于一个二维平面，例如圆柱体与圆锥体的边界曲面等。

### 5. 壳

壳是一些点、边、环、面的集合，它既可以是一个实际形体的表面集合，也可以是一个或若干个面的集合。其作用与环相似，是人为地在面与体之间增加的一层，有些几何造型软件直接由面来定义体，并无壳的定义。

### 6. 体与体素

体是三维几何元素，由封闭表面围成的空间，不同于点、线面等人类为了描述表达形体创造的概念，体是一种在自然界中能够独立存在的实体，有体积、表面积也有边界周长，其数学表述是欧氏空间中非空、有界的封闭子集，其边界是有限面的并集，在数学上被称为正则形体。

在自然界中存在的几何形体都是正则形体，由于人与计算机思维方式的巨大差异，这种人类很容易理解的概念在数学与计算机中表达却十分复杂与难以理解。其数学表述为：一种在形体上任意一点的邻域都在拓扑上是一个等价的封闭圆的形体，即围绕该点的形体邻域在二维空间（往往不是二维平面）可以构成一个单连通域。

非正则形体的造型技术将线框、表面和实体模型统一起来，可以存取维数不一致的几何元素，并可对维数不一致的几何元素求交和分类计算，从而扩大了几何造型的形体覆盖域，图 4-4 列举了几种常见的非正则形体。

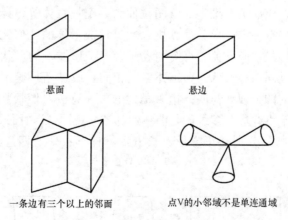

悬面　　　　　　　　　　悬边

一条边有三个以上的邻面　　　点V的小邻域不是单连通域

图 4-4　几种常见的非正则形体

体素是三维形体中最简单、最容易用数学方式表达的一种，是组成各种复杂三维形体的基本元素，是由有限个尺寸参数定义、简单并且连续的立体，比如四棱柱、圆柱体、圆锥体、球体等。一般而言，体素有三种定义形式：

（1）从实际形体中选择出来的一组单元实体，如棱柱、圆柱体等。

（2）由参数定义的一条（或一组）截面轮廓线沿一条（或一组）空间参数曲线作扫描运动而产生的形体。

（3）代数半空间定义的形体，半空间定义法只适用于正则形体。

形体通常是由以上几何元素按六个层次构成的，几何造型软件利用这六种几何元素的关联与其拓扑关系来定义三维形体，其中的点、线、面同时也是形体空间位置的定位基准（图4-5）。

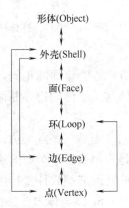

图4-5　六种几何元素的关联与其拓扑关系

## 4.2.2　几何元素的拓扑关系

几何元素构成形体的方法主要是内嵌空间关系，是集合关系的一种。主要包括同层次的是并、交、差关系与不同层次的包含和属于以及拓扑关系，例如一个墙体可能由一个长方体（墙）减去一个长方体（用来装门窗的门洞或墙洞），一个长方体包含六个面，一个矩形包含四个边等。

几何元素的拓扑关系是为了让计算机能够确定形体形状而使用的概念，这个人们很容易理解的概念在数学上需要非常复杂的术语才能精确描述。一个四边形的拓扑结构是由四条边及其顶点的连接顺序决定的，与各条边的长短形状无关，可以理解为一块橡胶片上面画了一个四边形，然后进行拉伸或扭曲（但不能切割或折叠）来改变橡胶片的形状，但这个四边形的四条边的邻接性维持不变，研究保持拓扑属性不变的变换（形变）的领域称为拓扑学。

几何元素的拓扑关系决定了计算机所理解的形体形状，建模软件对形体的大部分操作都是基于拓扑关系不变的条件下进行的，所有同维度的形体操作都是拓扑不变进行，包括拉伸、扭转等；所有以低维度形体为基础建立高维度形体的操作都要先进行一次拓扑关系变换，比如用二维矩形草图拉伸为一个长方体等。计算机里形体的形状与人们通常意义形状有一定差异。计算机只通过构成形体的几何元素数量、性质以及连接关系判断形体形状，而不关心每个构成元素（子形体）的形状与大小，下面五个形体被计算机认为是同一种形状，即拓扑属性相同，或称拓扑等价，在计算机内部都是用连接顺序相同的四个顶点与四条边来描述的。计算机对形状判断时对不同长度大小、角度关系、甚至直线边、多线段与曲线边都"一视同仁"。而人们则习惯上把这个形体当作不同的形状，分别是正方形、长方形、梯形、平行四边形与曲边四边形等（图4-6）。

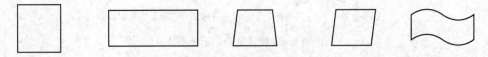

图4-6　五个不同的形体

### 4.2.3 形体的位置

形体的位置是用所处坐标系及在坐标系中的相对坐标值来确定的，建模软件在几何元素和形体的定义、图形和图像的显示都需要使用某种坐标系做参考，对于不同类型的形体、图形，在输入输出的不同阶段需要采用不同的坐标系，以利于图形操作和处理，提高效率和便于使用者理解。

在建模阶段主要使用以下五种坐标系：

**1. 世界坐标系（WCS：World Coordinate System）**

世界坐标系是为了描述建筑构件、建筑物的形状、大小、位置等几何信息，在绝对空间中定义的一个坐标系，这个坐标系的长度单位和坐标轴的方向要适合对被处理对象的描述，这个坐标系通常称为世界坐标系。

世界坐标系可以用直角坐标系、仿射坐标系、圆柱坐标系、球坐标系和极坐标系等，建筑活动一般都是在地球表面的有限范围内进行的，技术上应当用与各种测量工作一致的大地坐标系等椭球体为世界坐标系，但由于目前尚处于 BIM 发展的初级阶段，各 BIM 建模软件一般采用了机械制造业建模软件的右手三维直角坐标系作为世界坐标系，用于定义整体或最高层形体结构，可以把项目基点在大地坐标系中定位而不能进行坐标系转换。这在一定程度上增加了 BIM 在建筑业的应用难度，工作中需要用其他技术进行各种坐标系统变换，例如大地坐标系与施工坐标系的变换等，这些变换在铁路与地铁等覆盖范围较广的项目中尤为重要。

**2. 局部坐标系（Local Coordinates）**

局部坐标系（Local Coordinates）又称为造型坐标系，有时也被称为用户坐标系（部分文献把世界坐标系当作用户坐标系），是一种右手三维直角坐标系，用来定义基本形体或图素，对于定义的每一个形体和图素都有各自的坐标原点和长度单位，可以方便形体和图素的定义，形体和图素可放在局部坐标系中的指定位置，各种子结构、基本几何元素在造型坐标系中定义，经调用后放在世界坐标系中的适当位置，因而世界坐标系可看作是整体坐标系（全局坐标系）。局部坐标系可以嵌套使用，构件建模坐标系（例如 Revit 族的建模）与项目建模坐标系（例如 Revit 的项目建模）都是局部坐标系，但项目建模坐标系是构件建模坐标系的全局坐标系，而项目建模坐标系又是城市建模的局部坐标系。局部坐标系都是可以使用直角坐标系、圆柱坐标系、球坐标系和极坐标系，当前的 BIM 建模软件都是直角坐标系（图 4-7）。

**3. 观察坐标系（VCS：Viewing Coordinate System）**

观察坐标系是左手三维直角坐标系，用来产生形体的视图，可在世界坐标系的任何位置、任何方向定义。它主要有两个用途，一是用于指定裁剪空间（窗口），确定形体的哪一部分要显示输出；二是通过定义观察面（即投影平面），把三维形体的用户坐标变换成规格化的设备坐标。

**4. 规格化的设备坐标系（NDCS：Normalized Device Coordinate System）**

为了使图形处理过程与设备无关，通常采用一种虚拟设备的方法来处理，也就是图形处理的结果是按照一种虚拟设备的坐标规定来输出的。这种设备坐标规定为 $0 \leqslant X \leqslant 1$，$0 \leqslant Y \leqslant 1$，这种坐标系称为规格化设备坐标系。规格化的设备坐标系用来定义视

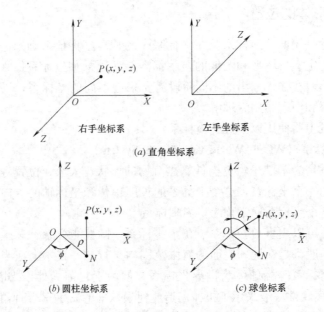

图 4-7  局部坐标系的三种形式

图区。用户图形数据经转换成规格化设备坐标系中的值，可提高应用程序的可移植性。规格化设备坐标系与其他坐标系之间的关系如图 4-8 所示。

**5. 设备坐标系（DC：Device Coordinate System)**

设备坐标系是与图形设备相关联的坐标系，用来在图形设备上指定窗口和视图区。DC 通常也是定义像素或位图的坐标系。例如，显示器以分辨率确定坐标单位，原点在左下角或左上角；绘图机以绘图机步距作为坐标单位，原点一般在左下角。它与其他坐标系之间的关系如图 4-9 所示。

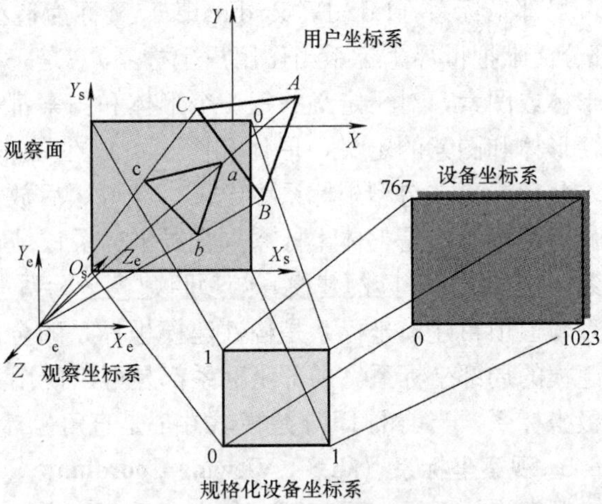

## 4.2.4  图形数据的特征

BIM 图形数据具有以下四个基本特征：

图 4-8  规格化设备坐标系与其他坐标系之间的关系

**1. 空间特征**

BIM 空间特征包括空间定位位置（坐标）和形体空间形态与大小，BIM 建模软件除了必须具备通用数据库管理系统或文件系统的关键字索引和辅助关键字索引之外，还需建立形体建模的方法调用机制。

**2. 非结构化特征**

由于当前技术只能用非结构化数据描述三维几何实体的几何元素及拓扑信息，这

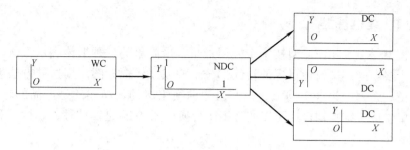

图 4-9 设备坐标系与其他坐标系之间的关系

决定了 BIM 图形数据的非结构化。如一条弧段可能由两个坐标对决定，也可能由千百个坐标对决定，因此弧段记录的长度是不定的；此外，一个多边形可能用一条弧段封闭而成，也可能由若干条弧段首尾相连而成，因此多边形记录是多条弧段的嵌套。这种变长记录和不定结构的要求，是一般关系数据库所不能满足的。

**3. 空间关系特征**

BIM 模型除了要描述空间定位位置（坐标）和空间大小形状之外，还要描述图形之间的相对定位关系以及图形组成元素之间的拓扑关系与行为关系。这给图形数据的一致性和完整性维护增加了困难。特别是某些几何对象并不直接记录其坐标信息，因而在查找、显示和分析时均要操纵和检索多个数据文件。

**4. 分类标识特征**

为了唯一识别构件与图形数据，每一个对象均分配一个分类标识。虽然面向对象建模技术可以自动为每个构件分配一个编码，但这种编码并不符合工程设计施工管理的需要，因而需要按工程原理和工作目标按项目特点建立标识机制，各建模软件都提供了一些基本的分类与标识机制，例如 Revit 的族、族类别就是一种分类方法，但这些工具与方法都太过简单，难以满足工程管理的需求，需要根据项目特点充分利用模型拆分、命名以及分类工具建立分类标识机制，才能按工程需要快速有效的提取与利用信息。

## 4.2.5 非图形数据

非图形数据主要包括构件的材质信息、工艺信息以及热工等物理信息等，在 BIM 建模软件一般用静态属性处理。

# 4.3 三维形体的表示模型

三维形体的表示模型表达的是图形建模的成果信息，是图形的静态信息，不包含图形形成的过程信息，主要有线框模型、表面模型、实体模型等，当代 BIM 建模软件所建三维形体虽然都是包含了过程与结果的特征模型，但其显示技术仍然采取了线框、表面与实体模型的混合显示技术。

### 4.3.1　线框模型

线框模型是三维几何造型技术中应用最早、最简单的一种形体表示方法。线框建模利用基本线素来定义设计目标的棱线部分，构成立体框架图。用这种方法生成的三维模型是由一系列的直线、圆弧、点及自由曲线组成的，描述的是产品的轮廓外形，在计算机中生成三维映像，还可以实现视图变换。图 4-10 是四棱柱、四棱锥和圆柱的线框模型表达。

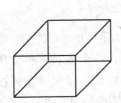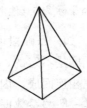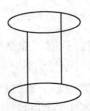

图 4-10　四棱柱、四棱锥和圆柱的线框模型表达

**1. 线框模型的数据逻辑结构**

线框模型的数据结构是网状结构。在计算机内部的存储结构是表结构，将实体的几何信息和拓扑信息记录在顶点表及边表中。表中完整地记录了各顶点的编号、顶点坐标、边的序号、边端点的编号，它们构成了线框模型的全部信息。

**2. 线框模型的优点**

线框模型的优点在于描述形体所需信息最少，数据运算简单，所占的存贮空间比较小，对硬件的要求也不高，容易掌握，处理时间较短，同时容易生成三视图，绘图处理容易，速度快。

**3. 线框模型的缺点**

线框模型中物体的描述是通过顶点和与之相连的边来产生的，只有离散的边，而没有边与边的关系，从而不能表达面，也就不存在内、外表面的区别。断面不能被表示，更无法用简单几何对象构造复杂零件。由于信息表达不完整，不具备自动消隐的功能，对于曲面体，线框建模表示不准确（图 4-11）。

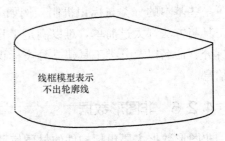

图 4-11　曲面体的线框建模缺点

当零件形状复杂时容易产生多义性。即一个线框模型可能被解释为若干个有效几何体，有时又会构造出无效的形体，如图 4-12 所示。

**4. 线模型在 BIM 与 CAD 软件中的应用**

线框模型不适用于需要进行完整信息描述的场合。由于它有较好的响应速度，因而适合于仿真技术或中间结果的显示，例如运动机构的模拟、干涉检验以及有限元网格划分后的显示等。另外，线框模型可以在建模过程中快速显示某些中间结果。

在现代三维实体造型系统中，往往需要引入线框模型以协助实体模型的建立，它普遍被用作虚体特征，参与整个形体的交互式设计过程，成为建立实体特征时的参考；

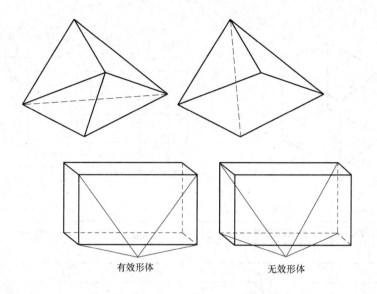

有效形体　　　　　　　　无效形体

图 4-12　线框模型的有效几何体和无效的形体

另外，线框模型通常还用来表示二维图形信息，例如工厂或车间布局、运动机构的模拟，干涉检验以及有限元网格划分后的显示等，也可以在其他的过程中，快速显示某些中间结果。

### 4.3.2　表面模型

表面模型通过物体各表面（或曲面）的定义来描述三维物体。表面建模是将物体分解为组成物体的表面、边线和顶点，用顶点、边线和表面的有限集合来表示和建立的计算机内部模型。曲面的生成方法有：利用轮廓直接生成的，如各种扫描曲面等，称其为基本曲面；在现有的曲面基础上生成曲面，如复制等，称为派生曲面；利用空间曲线自由生成曲面，称为自由曲面。表面模型是在线框模型的基础上，增加有关面、边信息以及表面特征、棱边连接方向等内容逐步形成的。

**1. 表面模型的数据结构**

在计算机内部，表面建模的数据结构也是网状结构，用表结构存储。表面模型除了给出边线及顶点的信息之外，还提供了构成三维物体的面素信息，即除顶点表和边表之外，还存储有面表。表面模型用一组连续闭合的有向边定义形体表面，由面的集合来定义形体。几何造型时，先将复杂的外表面分解成若干个组成面，然后定义出一块块的基本面素，基本面素可以是平面也可以是二次曲面，如圆柱面、圆锥面、圆环面、球面等，通过各面素的连接构成了组成面，各组成面的拼接就构成了所构造的模型表面。表面模型在线框模型的基础上增加了表面信息，能够以消隐、小平面着色、平滑明暗、颜色和纹理等方式显示形体，具有很好的三维显示能力，在图形仿真或模拟软件中应用广泛（图 4-13）。

**2. 表面模型的优点**

表面建模以面的信息为基础，能够比较完整地定义三维物体的表面，由于增加了有关方面的信息，在提供三维形体信息的完整性、严密性方面，表面模型比线框模型

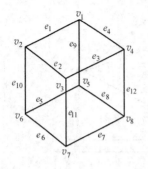

| 顶点 | 坐标值 | | |
|---|---|---|---|
| | $x$ | $y$ | $z$ |
| 1 | 0 | 0 | 1 |
| 2 | 1 | 0 | 1 |
| 3 | 1 | 1 | 1 |
| 4 | 0 | 1 | 1 |
| 5 | 0 | 0 | 0 |
| 6 | 1 | 0 | 0 |
| 7 | 1 | 1 | 0 |
| 8 | 0 | 1 | 0 |

| 棱边 | 顶点号 | |
|---|---|---|
| 1 | 1 | 2 |
| 2 | 2 | 3 |
| 3 | 3 | 4 |
| 4 | 4 | 1 |
| 5 | 5 | 6 |
| 6 | 6 | 7 |
| 7 | 7 | 8 |
| 8 | 8 | 5 |
| 9 | 1 | 5 |
| 10 | 2 | 6 |
| 11 | 3 | 7 |
| 12 | 4 | 8 |

| 面号 | 棱边序列 | 表面方程 | 可见性 |
|---|---|---|---|
| 1 | 1,2,3,4 | $a_1, b_1, c_1, d_1$ | $Y$ |
| 2 | 5,6,7,8 | $a_2, b_2, c_2, d_2$ | $N$ |
| 3 | 1,10,5,9 | $a_3, b_3, c_3, d_3$ | $N$ |
| 4 | 2,11,6,10 | $a_4, b_4, c_4, d_4$ | $Y$ |
| 5 | 3,12,7,11 | $a_5, b_5, c_5, d_5$ | $Y$ |
| 6 | 4,9,8,12 | $a_6, b_6, c_6, d_6$ | $N$ |

图 4-13　表面模型的数据结构

进了一步，能够比较完整地定义三维立体的表面，描述范围广，特别是像汽车车身、飞机机翼等难于用简单的数学模型表达的形体，均可以采用表面模型，利用表面模型可以对表面作剖面、消隐、着色、表面积计算等多种操作，在图形终端上生成逼真的彩色图像，以便用户直观地从事产品的外形设计，从而避免表面形状设计的缺陷。另外，表面模型可以为 CAD/CAM 中的其他场合提供数据，如有限元分析中的网格的划分，就可以直接利用表面模型。

**3. 表面模型的局限性**

由于表面模型所描述的仅是形体的外表面，并没有完整地表示三维实体及其内部结构，不能切开形体而展示其内部结构，也无法表示构件的实体属性，比如体积、重心、转动惯量等几何特性；物体的实心部分在边界的哪一侧是不明确的，使设计者对物体缺乏整体控制手段。

当代三维实体造型系统中一般都要引入表面模型来协助完成具有复杂而且光滑的实体表面的造型，因此，表面模型仍然占据着重要的位置。

### 4.3.3　实体模型

早在瑟兰德时代，人们就已开始研究实体建模，并提出了实体造型的概念，但受当时的理论与软件硬件能力所限，在很长时间内都没有得到应用推广。直到 20 世纪 70 年代，实体造型技术在理论、算法和应用等方面取得了突破，计算机性能也有了飞跃发展之后，才真正推出实用的实体造型系统，此后，三维实体模型在 CAD 设计、BIM 建模以及各种 CAX 技术中得到了普遍应用，成为后来各种几何建模的主流技术。

**1. 实体模型的优点**

实体模型在表面模型的基础上定义了表面的内外属性与拓扑关系，有严密的数学理论，可通过拓扑关系来检查形体的拓扑一致性，保证实体模型的合法性。

实体模型能够表示几何体的大小、外形、色泽、体积、重心等，是现代设计对象的主要表达形式。通过实体模型获得的几何属性，可以在其他软件模块中进行应力、应变、稳定性、振动等分析，是机械设计自动化的基础，也是智能建筑设计的支撑技术，已在建筑设计、广告设计以及大部分机械类零件设计等领域获得了很大成功。

**2. 实体模型的局限性**

实体模型的局限性在于它只提供了点、线、面或体素拼合这些初级构形手段，不能满足设计、施工与制造对构形的需要。因为设计师和施工技术员在设计构件时，总是从那些对设计、施工与制造有意义的基本特征出发进行构思以形成所需的构件。实体模型无法准确地描述和控制形体的外部形状，只能产生正则形体，不能描述具有工程语义的实际形体（如具有实际工程意义的门窗开洞等）；不能为其后续系统（在制造业是 CAM/CAPP 等）提供非几何信息如材料、公差等，提供的造型手段也不符合工程师的设计习惯。

### 4.3.4 三种模型比较

在几何造型中，采用线框模型，表面模型和实体模型的优缺点，应用范围如表 4-1 所示。为了克服某种造型的局限性，在实用化的几何造型系统中，常常统一使用线框模型，表面模型和实体模型，以相互取长补短，建立混合模型处理工程问题。三种模型比较见表 4-1。

三种模型比较　　　　　　　　　　　　　　　　　表 4-1

| 模型类型 | 优点 | 局限性 | 应用范围 |
|---|---|---|---|
| 线框模型 | 结构简单、易于理解、运行速度快 | 无观察参数的变化；<br>不可能产生有实际意义的形体；<br>图形会有二义性 | 画二维线框图（工程图）、三维线框图 |
| 表面模型 | 完整定义形体表面，为其他场合提供表面数据 | 不能表示形体 | 艺术图形；<br>形体表面的显示；<br>数控加工 |
| 实体模型 | 定义了实际形体 | 只能产生正则形体；<br>抽象形体的层次较低 | 物性计算；<br>有限元分析；<br>用集合运算构造形体 |

## 4.4 主要几何实体造型方法

线框模型、表面模型和实体模型是形体建模的最终成果，而不是形体建模的过程与方法，更不是面向用户（设计师）角度的表示方法。从用户角度看，形体表示主要采用特征表示和构造实体几何表示（CSG）方法；而从计算机对形体的存储管理和操作运算以及显示角度看，一般采用边界表示法（BRep）和 CSG 法。为了提升建模效率和各类分析计算，BIM 建模软件还采用了一些辅助的表示方法，主要包括单元分解表示和扫描表示等。因而同样的实体可以用不同的方式表达。

## 4.4.1　基本体素表示法

基本体素表示法（Pure Primitive Instancing）用一组参数来定义一簇形状类似但大小不同的物体。例如，一个正四棱柱可用参数组（底边数四、底面外接圆半径与高）来定义，通过对底面外接圆四等分获取正四边形的顶点数据，利用顶点生成四条边，再用下底面的边与高生成四个侧面。

用已有的形体作线性变换生成各种形体，是最直接的造型方法，造型时的线性变换只影响形体的几何性质，不影响形体的拓扑性质，如图 4-14 所示。

当把顶点从四个改为三个时，就改变了形体的拓扑性质，变成另外一种形体（正三棱柱），用户（设计师）就可以用少量的参数操作修改构件的几何信息，体素的各种几何性质由程序根据特定形状用专用算法计算生成，适合规则的标准化的构件，例如矩形底面的直墙、圆形柱与矩形

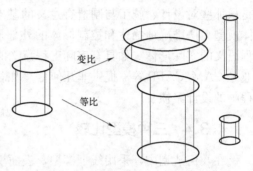

图 4-14　已有的形体作线性变换生成各种形体的造型方法

柱等，还可从存储了具体参数值的标准件数据库中调取符合规范与标准的构件，直接在设计中应用，自动实现设计标准化、模数化。由于每一组基本体素都必须由专门程序分别处理，难以生成比较复杂的形体，应用范围有限。

## 4.4.2　边界表示法

### 1. 边界模型的实体定义

边界表示法（Boundary Representation Scheme）是以实体边界为基础来定义和描述三维实体的方法，这种方法能给出实体完整、显式的边界描述。其原理是：每个实体都由有限个面构成，每个面（平面或曲面）由有限个边围成的有限个封闭域来定义。

在边界表示法中，实体可以通过它的边界（面的子集）表示，每一个面通过四条边定义、边通过点定义、点通过三个坐标来定义，边界模型的数据结构是网状关系。边界表示法以面为核心，用环标识面的法线方向，从而区别某一个面是内表面还是外表面。如图 4-15 所示。

边界表示法的构形方式是输入两个点，通过这两点连接一条线，若干条首尾相接的线段形成一个闭合的环，一个或多个环定义一个面的边界，最后用若干个表面闭合后围成一个形体。

### 2. 边界模型的拓扑信息

由于计算机不能像人类一样思考，不能自动判别形体的内外关系，需要提供一种

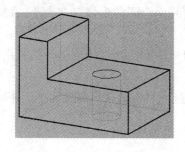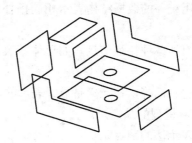

图 4-15　边界表示法示意图

机制帮助计算机进行这些判别。边界模型提供了一完整的机制，它不仅像表面模型一样描述了形体的几何信息（构成形体的点线面等几何元素），还表达了形体的拓扑信息。边界表示法的表面必须封闭、有向，各个表面之间具有严格的拓扑关系，从而构成一个整体。而表面模型的表面可以不封闭，不能通过面来判别物体的内部与外部，也没有提供各个表面之间的连接信息。

边界模型下形体的拓扑信息在计算机内用体表、面表、环表、边表、顶点表五个层次的表来存储描述（图 4-16）。体表描述基本体素名称以及它们之间的相互位置和拼合关系；面表描述各个面及面的数学方程，每个面都有且只有一个外环，如果面内有孔，则还有内环；环表用以描述组成环的边；边表中有直边、二次曲线边、三次样条曲线边以及各种面相贯后产生的高次曲线边；顶点包括边的端点或曲线型值点，顶点不允许孤立地存在于几何体的内部或外部，只能存在于几何体的边界上。

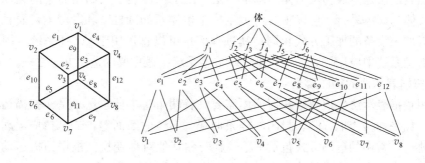

图 4-16　边界模型数据结构示意图

### 3. 边界模型的优点

在边界表示法中，几何信息与拓扑信息是分开表示的，拓扑关系形成形体边界表示的"骨架"，而形体的几何信息则犹如附着这一"骨架"上的肌肉。

这种方法的优点是：

直接用面、边、点定义的数据运算，可以表达大多数几何体，有利于生成和绘制线框图、投影图及有限元网格的划分和几何特性计算，容易与二维绘图软件衔接。

便于具体查询与获取形体中各元素的有关信息；

可以对形体的各种局部操作，比如在某个面开通孔，不必去修改形体的整体数据结构，只需提取与通孔相交的面、边、点有关信息；

可以用统一的数据结构表示相同拓扑结构的面，同类形体仅在大小、尺寸上有所不同；

便于附加各种特征信息，如形体某表面的光洁度、处理硬度等，拓宽系统的应用领域；

点、边、面等拓扑元素是显式表示的，消隐、真实感显示算法简单、速度快。

**4. 边界模型的缺点**

边界表示法的缺点是：

数据结构复杂，存储空间大，维护其拓扑关系一致性比较复杂；

形体的整体描述能力弱，没有记录造型过程，难以修改基本体素；

布尔运算或局部操作时，可能因几何求交不稳定性引起其拓扑关系的不一致性，导致操作失败。

边界表示法一般都采用翼边数据结构，以边（而不是逻辑的面或壳）为核心，通过某条边可以检索到该边的左面和右面、该边的两个端点及上下左右的四条邻边，从而确定各元素之间的连接关系。

## 4.4.3  扫描表示法

**1. 扫描表示的图形表示方式**

低维几何元素的运动空间可以构成高维几何元素，点（零维）运动形成一维的线、线运动形成二维的面、面运动形成三维的体，当一个面域沿某一轨迹移动，就可以形成特定的几何形体，这种生成几何形体的方法称为扫描表示法。

扫描表示法是生成构件形体的基本方法。由于扫描表示法利用简单的运动规则生成有效实体，简单易行，可以很容易地生成基本体素如圆柱、环、球等，而且这种轨迹往往与加工设备的加工方式相同，其过程信息可以直接用于 CAM 系统，因而在各种几何造型系统中应用较为广泛，是三维造型系统中最重要的造型方法之一。

**2. 扫描表示法的构图要素**

采用扫描表示法生成三维几何形体需要具备两个基本要素：一是作扫描运动的基本图形，如平面多边形、圆、封闭的样条曲线、实体的断面等，二是扫描运动的方式与运动轨迹，常用的运动方式包括平移、旋转和其他对称变换。根据扫描运动方式的不同，人们也常把扫描表示法分为平移式、旋转式和广义式三种。

平移式扫描表示法是将一平面区域沿某矢量方向移动一给定的距离，产生一个柱体。其过程类似于用模具挤出具有各种各样截面的型材，线切割加工也能产生类似的形状，常用的立方体和圆柱体等基本体素即可用此法生成（图 4-17）。

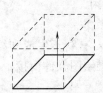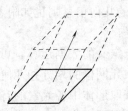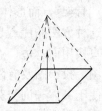

图 4-17  扫描表示法的构图要素

旋转式扫描表示法是将一有界平面某一轴线旋转，产生一个旋转体，一个矩形如以它的一边为轴旋转后则可产生一个圆柱体。类似地，可以产生圆锥、圆台、球、圆环等（图 4-18）。

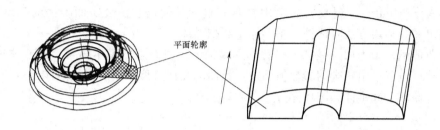

平面轮廓

图 4-18　旋转式扫描表示法—平面轮廓扫描构造实体

广义式扫描表示法是将一平面区域（该区域在移动过程中可以按一定的规则变化）沿任意的空间轨迹线移动，通过指定两个或两个以上的剖面以及剖面的位置来构造实体。也可以同时选择多个剖面和轨迹线来构造实体，这种方法有时又叫实体混成。亦称多路径多截面扫掠或放样（图 4-19）。

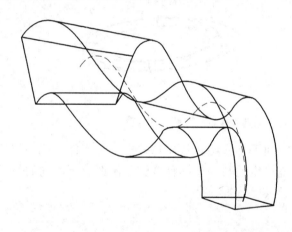

图 4-19　广义式扫描表示法—实体混成构造复杂实体

广义式扫描表示法的造型能力很强，完全包含平移式和旋转式扫描表示法。但是由于广义式扫描表示法的几何构造算法十分复杂，因此平移式和旋转式扫描表示法仍然从广义式扫描表示法中独立出来，单独处理。

**3. 扫描表示法的优点与应用范围**

还可以把三维形体在空间通过扫描变换生成新的形体，一个圆柱体按指定方向在长方体上运动生成新的形体，这个过程犹如长方体与运动着的圆柱体不断进行差运算。这种三维形体的扫描变换在机械制造业常用来检查机械零件之间是否存在干涉现象、模拟刀具的运动等，是 BIM 碰撞检查（动态碰撞）软件的支撑技术之一。

扫描表示法简单可靠，使用方便、直观，是实体造型系统最常用的输入手段，适合作为图形的输入手段，经过推广后的扫描表示法还可用于形体外形的局部修改，例如生成形体表面的局部凹腔或凸台等，是幕墙建模的关键技术之一，也广泛应用于 MEP 建模。

### 4.4.4 构造实体几何法

将简单的形体经过正则集合运算构成复杂形体的方法称为构造实体几何法（CSG，即 Constructive Solid Geometry），以立方体、圆柱体、球体、锥体、环状体等多种体素为单元元素，通过集合运算（拼合或布尔运算），生成各种复杂的几何形体。

CSG 建模包括两部分内容：一是体素定义和描述；二是体素之间的布尔运算（并、交、差），布尔运算是构造复杂实体的有效工具。

**1. 体素**

体素（Primitive）是现实生活中具有完整的几何信息、真实而唯一的三维实体。体素的定义及描述方法有两种：基本体素和扫描体。

商业造型系统为用户提供了一套形式简洁、数目有限的基本体素，这些体素的尺寸、形状、位置可由较少的参数值确定，目前的几何造型系统所提供的体素有长方体、圆柱体、球体、圆锥体和圆环体等（图 4-20）。

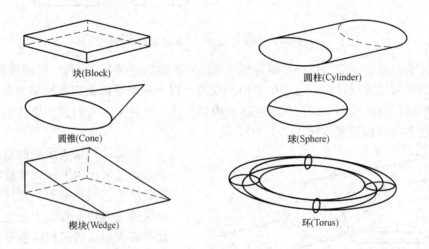

图 4-20　常用的基本体素示意图

扫描体是一个封闭的平面轮廓在空间平移或旋转从而扫掠出一个实体，这一封闭的平面轮廓沿着某一坐标方向移动或绕给定的某一坐标轴旋转，便形成了不同的扫描体，用扫描法构造体素易于理解、易于执行（图 4-21）。

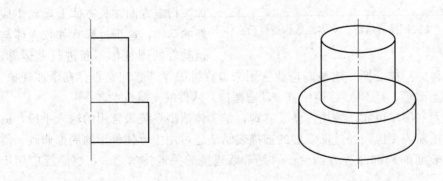

图 4-21　扫描法构造体素示意图

**2. 体素的布尔运算**

用正则集合运算构造复杂形体时，中间过程配合执行有关的几何变换。复杂形体可以用有序的二叉树表达，类似 Windows 资源管理器的工作模式，区别在于 CSG 的上级目录只有两个子目录，其管理对象不是文件而是图形数据。以整个形体为树的根结点，终端结点（叶结点）可以是体素（如立方体、圆柱、圆锥），也可以是形体运动的变换参数。非终端结点（中间结点）可以是正则集合运算，也可以是形体的几何变换（平移、旋转或缩放操作），这种运算或变换只对其紧接着的子结点（子树）起作用，这棵树就叫 CSG 树，如图 4-22 所示。

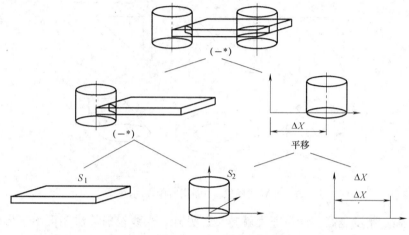

图 4-22　CSG 树示意图

### 3. CSG 法的特点

采用 CSG 法构造的形体无二义性，但具体的构造过程不是唯一的，通常采用最简单的构造方法。比如图 4-23 的形体可以用两种方法构造。

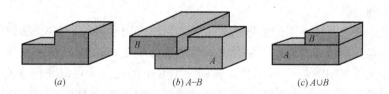

图 4-23　CSG 法的两种构造方式

CSG 树定义了它所表示形体的构造方式，不存储顶点、棱边、表面等体的有关边界信息，也未显式的定义各点集与所表示形体上在空间的一一对应关系，所以 CSG 树表示又被称为形体的隐式模型或算法模型。由于体素表示法的有效性决定了 CSG 法构造形体的有效性，因此在几何造型系统中必须细致定义各种体素。BIM 建模软件（由几何造型子系统实现）中常用的体素如图 4-24 所示，每个体素都用简单参数变量表示，这里的参数表示体素的大小、形状、位置和方向。较高级的建模软件都允许用户自己定义体素，也都自动检查模型的有效性。

CSG 法不能显式地表示形体的边界，无法直接显示 CSG 树表示的形体，求取 CSG 树表示的形体的精确边界占用了大量的 CPU 与内存资源，严重影响建模软件的工作效率。因此建模软件普遍用光线投射（Ray-casting）算法，在不求取边界情况下对形体进行光栅图形显示。这是一种近似的方法，精度取决于显示屏幕的分辨率，分

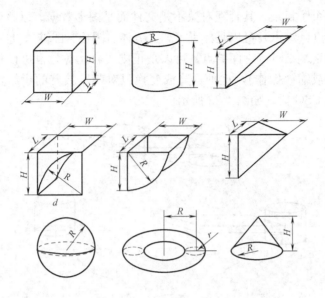

图 4-24　BIM 建模软件中常用的体素示意图

辨率越高，显示精度越高，计算速度就越慢。另外，光线投射算法还可用于形体的物性计算方面。

### 4.4.5　CSG 与 B-rep 混合表示法

由于 CSG 和 B-rep 表示法各有所长，主流几何造型系统都用两者综合的方法来表示实体，即混合表示法，利用 CSG 信息和 B-rep 信息的相互补充，确保几何模型信息的完整与精确。

混合表示法由两种不同的数据结构组成，当前应用最多的是在 CSG 树的结点上再扩充一级边界数据结构，因此，混合模式可理解为是在 CSG 模式基础上的一种逻辑扩展，其中起主导作用的是 CSG 结构，再结合 B-Rep 的优点，可以完整地表达实体的几何、拓扑信息。

### 4.4.6　空间单元表示法

空间单元表示法也称分割法，其思路类似用一组黑方格表示二维三角形，三角形分格越多，显示精度越高，占用的存储空间越大（图 4-25）。空间单元法把这种思想从二维扩展到三维，将一个三维实体有规律地分割成有限个三维立方体单元，为了降低存储空间，采取一种被称为八叉树的数据结构与算法（图 4-26）。

空间单元表示法通过定义各个单元的位置是否填充来表达整个三维实体，通常采用

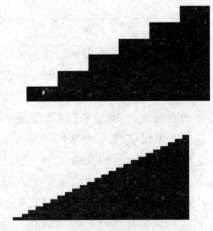

图 4-25　空间单元表示法示意图

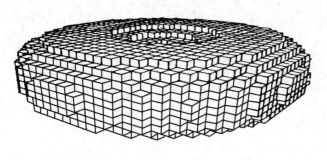

图 4-26　八叉树层次数据结构示意图

八叉树来表示。八叉树是一种层次数据结构，其形成过程是：首先在空间中定义一个能够包含所表示物体的立方体，如果所要表示的物体就是这一立方体，算法结束。否则，将立方体等分为 8 个子块，每块仍是一个小立方体，将这 8 个小立方体依次编号为 1，

2，…，8。若某一小立方体的体内空间全部被所表示的物体占据，则将此立方体标识为"满"；若它与所表示的实体无交，则标识为"空"；否则，将它标识为"部分占有"。对于"空"或"满"的部分，不再继续分割。而对"部分占有"可继续分割下去，直到分割的一小立方体的边长为 1 时，停止分割。至此就完成了物体的八叉树表示算法。如图 4-27 所示。

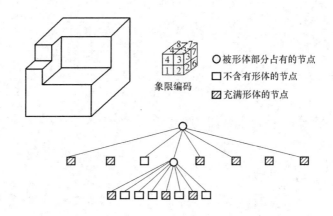

图 4-27　三维实体单元表示的八叉树数据结构

　　八叉树法的物体集合运算十分简单，物体的体积计算也十分简单，因而在碰撞检查软件中有一定的应用。虽然这种方法大大简化了隐藏线和隐藏面的消除算法，但其占用存储量较大，对计算机的要求高，目前应用较少。由于八叉树结构能表示现实世界中物体的复杂性，因此它日益受到人们的重视，未来可能会成为混合建模的元素之一。

# 第5章
## 建筑产品信息建模方法之参数化构件建模

　　狭义的 BIM 建模涉及 BIM 软件工具、技术流程、技术方法以及与建筑设计的接口等技术，广义的 BIM 建模还要覆盖建模管理流程、方法、与项目管理和企业管理的接口、与其他信息化工具的接口等更广泛的内容。限于篇幅，本书仅对工具层次与建模有关的功能进行基本的介绍与探讨，笔者将在《BIM 建模原理》一书中进一步探讨狭义的 BIM 建模技术，而广义的 BIM 过于复杂，而且笔者的研究也极为有限，本丛书对其不作探讨。

# 5.1　特征造型法

　　几何模型只描述了形状及尺寸等几何信息，难以满足强度计算、性能仿真分析和工艺设计、制造的要求。机械制造业 CAD 开发者一直在探索更完整的建模技术，希望模型能够加载如倒角、圆角、孔、槽等加工特征，以及加工用到的各种过渡面等形状信息和工程信息（材料、公差等），提供反映设计意图的非几何信息，满足计算机辅助工程（CAE）、计算机辅助制造（CAM）等系统的需求。这种需求催生了特征造型（Feature Modeling）技术，并成为 BIM 建模软件最关键的技术。

## 5.1.1　各种三维模型之间的逻辑关系

　　特征模型出现之后，虽然建模技术与计算机图形学又有很大进步，但这些进步主要集中在建模方法、数据结构与算法优化以及应用与集成等方面，在产品描述的基本理论上已经成熟与稳定。从线框模型发展到特征模型，是建模技术不断进步的结果，正如 BIM 技术的发展一样，每一次进步都是对前人成就的继承与发展，而不是否定与革命，这种继承关系是当代混合建模的技术基础。

　　线框模型定义了三维实体的点、线与点线的拓扑信息，表面模型在线框模型的基础上增加了环与面的信息，而实体模型在表面模型的基础上增加了面的法向信息、壳的信息（有的几何造型技术没有壳这一层）与实体的布尔运算信息（主要指构造几何法）。因此它们之间的关系可以用两个等式表达：

　　表面模型＝线框模型＋环＋面

　　实体模型＝表面模型＋法向信息＋壳＋布尔运算

　　而产品特征模型则在实体模型的基础上增加了工程语义信息，因而可表述为：

　　产品特征模型＝实体模型（亦称形状特征）＋工程语义信息

　　语义信息包括静态信息、规则与方法以及特征关系，是用面向对象思想对建筑产品的描述：

　　其中静态信息描述特征形状、位置属性数据和功能物理等属性；

　　规则和方法指确定特征功能和行为，比如参数化技术与变量化技术等；

　　特征关系则描述特征间相互约束关系，例如尺寸约束与装配约束等。

　　需要特别说明的是，特征模型有远比产品特征模型更为广泛的含义，在建筑技术、项目管理、企业管理乃至于软件工程等领域都有深远影响，是人类认识客观世界方法论层次的巨大进步。本书仅探讨 BIM 建模软件中的产品特征模型部分。

## 5.1.2 特征造型的优点

特征不仅包含基本体素所具有的定形、定位参数，也包含了参数化设计所需要的定形约束与定位约束，可以有效地支持实体造型和参数化设计。以外，由于特征还包含有效性规则，可以保证特征具有特定的语义，因此具有一定的智能性。特征所包含的公差和非几何属性则使得特征模型还可以支持形状设计以外的其他设计工作。

一般把形状特征与装配特征叫作造型特征，因为它们是实际构造出产品外形的特征，是当前 BIM 建模软件的主要技术。其他还有面向过程与面向功能等特征，这些特征并不参与产品几何形状的构造，而属于那些产品功能与施工生产环境有关的特征，是 BIM 面向施工与运维等方面应用的技术基础，当前 BIM 建模软件在这方面能力极弱，较为有效的实践一般都专门开发了相应的系统与 BIM 建模软件协作，辅助以复杂的建模技术与管理方法，取得了巨大的价值。

特征造型为建模技术带来两个革命性的进步：一是为设计人员提供了高层次抽象的人机交互语言，这种语言使设计人员的操作对象不再是原始的线条和体素，而是产品的功能要素，如墙、门洞、窗洞、窗等。特征体现了设计意图，从而使设计人员集中精力处理较高层次的设计问题，而不是如何操作几何形体或出图，使得设计更加快速、方便，设计质量因此也得以了保证。另一方面，特征是一个高层次的设计概念，内部包含了大量设计意图，这些设计意图对于设计变更管理以及后续的分析、综合等过程有着重要意义，对于提高设计自动化程度以及解决产品数据在设计、施工和运维等阶段的数据传递与交换也有很大的帮助，为建筑产品信息全生命期集成建立了技术与理论基础。

## 5.1.3 特征造型的定义

特征造型技术是新兴的研究和应用领域，目前对特征还缺少一个统一的形式化定义，不同的应用目标对特征的定义不同。在加工角度，特征被定义为加工操作和工具有关的零部件形式以及技术特征；在形体造型角度，特征是一组具有特定关系的几何或拓扑元素；而在工程管理角度，特征又被分为设计、分析和施工工艺等。

目前主流的定义认为特征首先是由一定拓扑关系的一组实体元素构成的特定形状，也包括附加在形状之上的工程信息，这些信息对应于构（零）件上的一个或多个功能，从而能够被固定的方法加工成型。

特征是构成构件的基本元素，而不是构件的属性，构件是由特征组成的，每个特征都是一个完整的对象，拥有自己的属性、方法和行为。完整的构件模型由产品模型、过程模型（例如包含属性与行为的工艺模型、进度模型等）与控制模型（包含建模者的属性与行为的主体模型等）等组成的嵌套模型，让 BIM 模型超出了带信息的三维模型的框架，是面向对象思想在建模信息模型领域的应用。由于 BIM 建模软件尚处于起步阶段，功能较弱，目前仅产品几何模型较为成熟，给很多用户造成了 BIM 就是带信息的三维模型的错觉，但 BIM 建模软件仅在几何特征方面也远远超出了三维模型的范畴，包含了大量的方法与行为，其中最具代表性的是参数化建模方法。

### 5.1.4 特征模型的构成

特征模型具有鲜明的工程性和层次性，在参数化技术的支持下，可以方便地编辑模型，在建筑模型的控制和更改方面拥有广泛的潜力。

**1. 特征的层次结构**

特征产品造型可划分为草图、特征、构件和产品四个层次（图 5-1）。

在特征层次中，特征之间的关系十分复杂，既包括各种尺寸约束和几何约束，还包括特征之间的父子关系和时序关系等。一系列的特征经过组合、剪裁、阵列、镜向等操作形成构件模型，构件模型中需要体现设计意图，反映建筑物的基本特性。

构件按照空间逻辑与功能关系生成建筑物的整体模型，BIM 建模软件目前仅支持静态装配，能在建筑产品总体层次体现设计意图，如构件的相互空间位置等。机械制造业

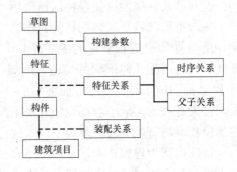

图 5-1 特征产品造型的层次结构

CAD 还可以处理产品中零件的相互运动等关系，具有更强大的功能。

**2. 特征关系**

在特征之间主要是几何与尺寸关系、拓扑关系和时序关系。

特征之间的几何和尺寸关系主要在特征草图中设定，几何关系包括特征草图实体之间的相切、等距等几何关联方式（有的文献称之为元素间的空间关系）。尺寸关系设定特征草图实体之间的距离和角度关联（有的文献称之为度量关系）。

拓扑关系指的是几何实体在空间中的相互位置关系。例如孔对于实体模型的贯穿关系，面之间的相切或者等距关系等。这种拓扑关系不因特征草图尺寸的变化而发生改变。

特征建立的次序成为非常重要，后期的特征需要借用前面特征的有关要素，例如定义草图时借用已有特征的轮廓建立几何和尺寸关系等，而特征的拓扑关系是在已有特征的环境下设定的，而不会影响到其后的特征。

时序关系中最重要的是父子关系，父子特征关系主要有基准关系、派生关系、数学关系等类型，其技术思想来源于面向对象技术的对象构成关系与接口方法。如果一个特征的建立参照了其他特征的元素，则被参照特征成为该特征的父特征，而参照特征称为父特征的子特征。父特征与子特征之间形成父子关系，当某些特征生成于其他特征之上时，则以前生成特征的存在决定了它们的存在。此新的特征称为子特征。例如，一个实体上有一个孔，孔便是这个实体的子特征。父特征是其他特征所依赖的现有特征。例如，墙是门洞特征的父特征。

特征建模时，删除父特征会同时删除子特征，而删除子特征不会影响父特征。同样两个特征的父子关系互换或改变时序关系往往会生成两个不同的实体，机械制造业的 PRO/E（现为 CROE）与 Solidworks 等软件提供了特征树功能，让用户可以自由操作与改变特征关系，具有较大的设计自由度，但这种技术对约束求解器提出了很高的

要求，软件开发难度很大，因而 Revit 等 BIM 建模软件的开发者虽然借鉴了 PRO/E 等系统的技术，几何造型能力并不弱于 Solidworks 等中端 CAD，但没有引入特征关系编辑的功能，难以按工程逻辑自由修改实体特征关系，也很难输出特征树，因而设计自由度大为不及，与管理软件集成的难度也高得多。

### 5.1.5 特征的分类

不同的应用角度有不同的特征定义，也有不同的特征分类标准。按项目生命周期可分为设计特征、分析特征、施工与加工特征、质量（公差及检测）特征等；按建筑产品功能可分为形状特征、精度特征、技术特征、材料特征与装配特征等；从复杂程度上可分为基本特征、组合特征与复合特征。

在 BIM 与 CAD 相关的各个领域中都引用了特征这个概念，即使特征技术应用远比建筑业更为广泛与发达的机械制造领域，特征所包含的信息和内容也还在不断地增加与发展变化。本书基于当前 BIM 建模软件的实际发展水平，基于功能把特征分为六大类：

**1. 形状特征**

用于描述有工程意义的几何形状信息，是产品信息模型中最主要的特征信息，非几何信息作为属性、对象或约束附加在产品模型上，属性方式处理信息远比特征方式处理信息更简单，功能大为不及，但软件开发难度较低，是目前非几何信息最主要的加载方式。

**2. 装配特征**

用于表达构件的装配关系，以及在构件装配成为项目模型过程中所需的信息，包括位置关系、功能关系、工程逻辑关系等，装配特征让工程师可以在电脑里像搭积木一样把房子在电脑里装一次，进行各种模拟分析与计算，是虚拟样机技术在建筑业的应用。这是 BIM 建模软件与制造业 CAD 最大的技术差异，BIM 建模软件根据建筑业特点建立了一套基于标高、轴网的定位与人机交互机制，主要空间功能也蕴含于这套机制之中，是 BIM 建模软件的独有技术。

**3. 精度特征**

用于描述几何形状和尺寸的许可变动量或误差，如尺寸公差、形位公差、表面粗糙度等。这种技术在机械制造业已经相当成熟，是计算机辅助工艺设计的技术基础，但在建筑业还未得到有效应用，也不被所有 BIM 建模软件支持，仅有 Catia 与 Bentley 的 Microstation 等少量 BIM 建模软件具备精度特征处理能力。

建筑产品生产中主要有标志尺寸、构造尺寸和实际尺寸三种尺寸，目前在同一个模型中实现三种尺寸管理最佳技术仍然是精度特征，由于多数 BIM 建模软件尚不支持精度特征，主要支持标志尺寸建模，给施工工艺设计与质量管理带来很大困难。国外实践中主要有两种处理方式，一种是开发独立的工艺软件或质量软件，读取 BIM 模型中信息加工处理；另一种是对 BIM 建模软件二次开发，通过标志尺寸模型生成其他两种模型和三种对比模型，实质上实现精度特征的功能。

关于三种尺寸的介绍：

标志尺寸是用以标注建筑物定位线之间的距离（跨度、柱距、层高等）以及建筑制品、建筑构配件、组合件、有关设备位置界限之间的尺寸。

构造尺寸是生产、制造建筑构配件、建筑组合件、建筑制品等的设计尺寸，一般情况下，构造尺寸为标志尺寸减去缝隙或加上支承尺寸。

实际尺寸是建筑构配件、建筑组合件、建筑制品等生产制作后的实有尺寸，实际尺寸与构造尺寸之间的差数应符合建筑公差的规定。

**4. 材料特征**

用于描述材料的类型、性能和热处理等信息，如强度、刚度和延展性等力学特性、光反射、导热性和导电性等物理化学特性以及材料处理方式与条件（例如钢筋预应力处理、混凝土养护等）。

**5. 分析特征**

用于表达构件在性能分析时所使用的信息，如有限元网格划分、梁特征和板特征等，有的文献称之为技术特征。

**6. 补充特征**

用于表达一些与上述特征无关的产品信息，用于描述构件设计的 omniclass 或 masterformat 编码等管理信息的特征，也称为管理特征。

由于造型特征是 BIM 建模软件直接提供的功能，其他特征目前依靠实施技术处理，因而本书只介绍造型特征，有关面向过程的特征的技术、原理与方法将在《建筑信息建模原理》一书中详细探讨。

## 5.1.6　特征建模系统的基本架构

特征建模系统是 BIM 建模软件的子系统，其框架结构如图 5-2 所示。

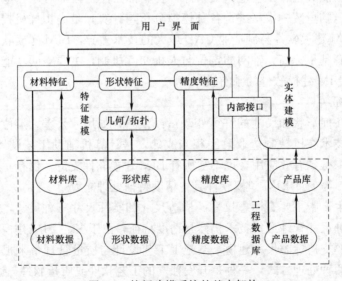

图 5-2　特征建模系统的基本架构

形状特征、精度特征、材料特征分别对应各自的特征库，从中获取特征描述信息。产品数据库建立在这些特征库的基础上，系统与数据库之间实现双向交流，建模之后的产品信息送入产品数据库，并随着造型的过程而不断修改，而造型过程所需的参数从库中查询调取。

### 5.1.7 特征的参数化

构件的特征不仅包含属性，还包括方法与行为，这导致 BIM 模型的创建十分复杂，如果逐一创建，将导致建模成本远远高于模型的价值，从而让模型创建失去经济意义。BIM 建模软件采用参数化定义的形状特征，设计人员只需输入少数几何参数，就可自动生成大量几何信息，还可以方便地修改形状、尺寸与材质等信息，满足人们的设计需要。参数化技术简化了建模工作，提升了模型创建的效率与价值，是各种特征造型系统的核心技术。

大多数构件对象的结构形状比较固定，可以用一组参数来约定尺寸关系，利用参数控制构件的尺寸，驱动构件生成，即尺寸驱动，本质上是面向对象思想在几何造型上的应用，可分为设计对象的参数化建模和参数化模型的实例化。参数化设计允许人们基于构件样板（例如 Revit 的族库）与项目样板，通过变动尺寸值生成新的设计。参数化设计可以分为二维参数化设计和三维参数化设计两类，为设计和修改构件提供了方便，不仅让设计成本大大降低，还可以近于零成本的实现设计变更，具有巨大的工程价值。

尺寸驱动的几何模型由几何元素、尺寸约束和拓扑约束三部分组成。当修改某一尺寸时，系统自动检索该尺寸在尺寸链中的位置，找到它的起始几何元素和终止几何元素，使它们按照新尺寸值调整，得到新的几何模型。图 5-3 中图（a）是驱动前的图形，尺寸参数为 A、B、C，图（b）所示是修改尺寸 C 为 C' 后的图形，图形修改前后的拓扑关系保持不

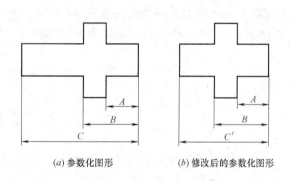

(a) 参数化图形    (b) 修改后的参数化图形

图 5-3　尺寸驱动的几何模型示意图

变，从图（a）到图（b）的变更仅需修改一个参数，大大提升设计效率。

### 5.1.8 特征的表示

**1. 特征表示的数据结构**

特征的表示主要有两方面的内容：一是几何形状信息，二是属性或非几何信息。根据几何形状信息和属性在数据结构中的关系，可分为集成表示和分离表示两种模式。集成表示模式是将属性信息与几何形状信息集成地表示在同一内部数据结构中，而分离表示模式则将属性信息表示在与几何形状信息相分离的外部结构中。

分离模式在传统的实体模型数据结构的基础上附加非几何信息，易于实现，更接近三维 GIS 的信息处理方式，易于与三维 GIS 集成，但效率不高，极少在 BIM 建模软件与 CAD 软件中应用。

由于传统的实体模型不能很好地满足特征模型表达的要求，集成模式的 BIM 模型软件开发者需要从头开始设计开发全新的基于特征的表达方案，工作量大，软件开发

成本极高。但由于集成模式可以避免内部实体模型数据与外部数据的不一致和冗余、便于同时对几何模型和非几何模型进行多种操作、用户界面友好以及便于对多种抽象层次的数据进行存取和通讯等优点，是主流的数据结构。

### 2. 特征的表示方法

形状特征有隐式表示和显示表示两种方法，隐式表示用特征生成过程描述形体，显式表示描述确定的几何、拓扑信息。对于外圆柱体，显式表示用有圆柱面、两底面及边界细节表达，而隐式表示则用中心线、高度和直径来描述（图5-4）。

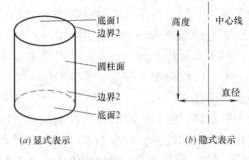

图 5-4　外圆柱体特征的隐式表示和显式表示方法

显然，所谓的显式或隐式是针对计算机而言的，显示表示法更接近形体在计算内部的表达方式，计算机容易加工处理，因而称之为显式的；而隐式则更接近设计师的思维方式，但计算难以理解处理，大量占用 CPU 与内存资源，软件开销大。无论是显式表示还是隐式表示，单一的表示方式都不能很好地适应特征信息表示的要求，因此，目前主流建模软件采用显式与隐式结合的混合表示模式，从而综合发挥两种方式优点。

# 5.2　尺寸驱动

尺寸驱动最初被用来设计结构比较定型的产品，后来成为参数化与变量化技术区分的标志，指在拓扑关系确定的情况下，用一组参数来约定图形的尺寸关系。例如图 5-5 的四边形可以由四条边长与一个角度决定，当右下角角度（下底边不变）从大到小改变时，整个其他三个边随之顺时针转动，给人一种角度推动图形旋转的感觉，因此被称为尺寸驱动。

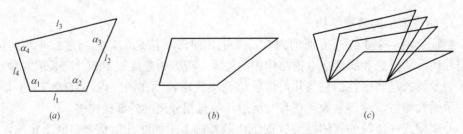

图 5-5　四边形的尺寸驱动示意图

## 5.2.1　草图轮廓

尺寸驱动是参数化设计技术最具特色的人机交互方式，二维图形和三维图形都可以用尺寸来驱动，其中二维图形的尺寸驱动是三维图形尺寸驱动的基础。当前技术下，无论是实体造型或是曲面造型，三维模型几乎都是由平面图形通过拉伸、旋转、扫掠等多种运动形式形成的。这种三维模型截面形状的平面图形称为草图（有的文献称之为轮廓），草图由若干首尾相接的直线或曲线组成，用来表达实体模型的截面形状（Section）或扫描路径（Trajectory）。虽然草图与一组原始线段看上去相似，但它们有本质的区别。草图轮廓上的线段不能随便被移到别处，而一组线段可以随便地被拆散和移走，类似于 Autocad 中四条线段围成的矩形与矩形工具创建的矩形之间的区别。

### 5.2.2　草图的技术要求

草图轮廓可以是封闭的，也可以是开放的，但构成轮廓的线段不能断开、错位或者交叉。封闭的草图可以生成三维实体模型，也可以生成三维曲面模型，开放的草图通常只能生成曲面模型，有些建模软件也可以用开放轮廓作为扫描路径生成某些三维模型。图 5-6 中左侧图形可以创建形体，中间图形只能创建三维曲面，而右侧图形不能作为轮廓。

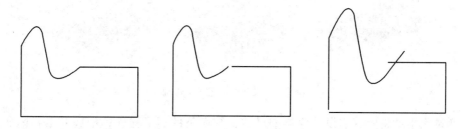

图 5-6　草图轮廓的技术要求

### 5.2.3　草图的构成

草图由图形、约束与辅助几何三种要素组成。

其中图形由几何信息与拓扑信息构成，草图图形是二维图形，是环的一种，是一种尺寸驱动的环。草图的尺寸驱动是指当设计人员改变了草图轮廓尺寸数值大小时，草图轮廓形状将随之自动发生相应的变化，如图 5-7 所示，当改变零件的长度尺寸（由 90 变为 60）时，零件的轮廓形状将发生相应的改变。

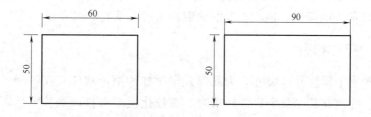

图 5-7　草图轮廓形状将随尺寸数值大小自动发生相应的变化示意图

不断变化驱动尺寸，零件的几何形状也会不断变化，好像被尺寸数据所驱动而发生了变化。尺寸驱动的机制是基于对图形数据的操作，可以对几何数据进行参数化修改，但是在修改几何参数的时候，图形的拓扑关系不应发生变化。

### 5.2.4　尺寸驱动的实现机制

尺寸驱动直接对数据库进行操作，需要改变某一尺寸参数时，系统自动检索出该尺寸参数对应的数据结构，找出相关参数计算的方程组并计算出参数，驱动几何图形改变，并同时进行相关模块中相关尺寸的全盘更新（图 5-8）。

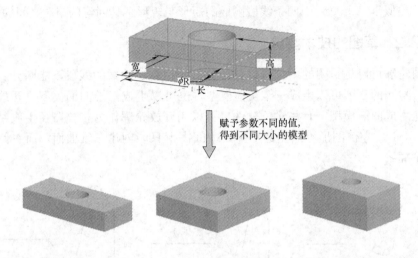

图 5-8　尺寸驱动的实现机制

变量化驱动将所有的设计要素如尺寸、约束条件、工程计算条件甚至名称都视为驱动参数，也允许用户定义这些变量之间的关系式以及程序逻辑，从而使设计的自动化大大提高。变量驱动扩展了尺寸驱动技术，给设计对象的修改增加了自由度。

## 5.3　约　　束

参数化的本质是为对象添加约束和约束满足，技术思想来自面向对象思想中对象的行为与接口，最主要的约束有支持尺寸约束、几何约束和关系表达式约束，由于 BIM 建模软件能力的限制，造型以外的约束都通过关系表达式实现。

### 5.3.1　尺寸约束

在几何轮廓上标注几个尺寸，为几何元素添加约束，软件就在各种尺寸之间建立了约束关系。在改变其中某个尺寸约束时，参数化模型将自动调整形状来保持原有图形的封闭状态，让图形封闭状态不会遭到破坏，这个过程称为约束满足。如图 5-9 所示，定义一个四边形的四条边长度、连接关系与一个角度（90°）（隐含的定义了各点与边的关系），就确定了一个正方形。当用户保持其他约束不变，把角度从 90° 改变为其他角度时，参数化的图形可以自动调整为平行四边形。

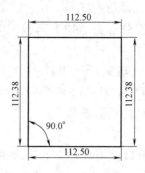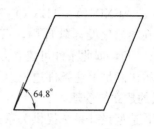

图 5-9    约束满足示意图

参数化建模软件给线段标注尺寸的过程就是一种自动加入尺寸约束的过程。按尺寸标注方式的不同可以把尺寸约束分为以下几种：水平尺寸约束（Horizontal）、竖直尺寸约束（Vertical）、正交尺寸约束（Perpendicular）、平行尺寸约束（Parallel）、直径尺寸约束（Diameter）、半径尺寸约束（Radius）、角度尺寸约束（Angular）和周长尺寸约束（Perimeter）。

### 5.3.2    几何约束

几何约束是几何拓扑约束的简称，它是规定几何对象之间的连接关系和相互位置关系的约束。几何约束保证了轮廓图形尺寸改变后能保证原有的设计意图，使图形能大致保持原来的形状，并保证尺寸链的完整性。上面图形的约束满足过程中，也自动保持了轮廓图形元素之间规定的相互位置关系（如垂直、同心和水平等），这种约束关系就是几何拓扑约束。在参数化尺寸驱动的过程中，几何位置的约束关系也同时自动得到满足。因此，在参数化造型设计中，如果给轮廓加上必要的几何拓扑约束和尺寸约束，则参数化模型就可根据这些约束控制轮廓的形状、位置和大小。

主要几何约束类型有水平线（Horizontal line）、竖直线（Vertical line）、平行线（Parallel line）、垂直线（Perpendicular line）、等半径和等直径（Equal Radius andDiameter）、相切（Tangent）、对称（Symmetry）、共线（Collinearity）、等长度线（Equal Segment Lengths）和固定（Fix）等。

### 5.3.3    关系表达式

关系表达式是一种由用户建立的数学表达式，这种表达式反映轮廓尺寸或参数之间的数学关系，这种数学关系应该反映了专业知识和设计意图。在参数化设计中，关系表达式像尺寸约束一样，可以驱动设计模型，关系表达式发生变化以后，模型也将发生变化。关系式是尺寸约束的拓展应用，尺寸约束只能约束两条相邻的边，而利用关系表达式可以让任意两个边保持特定的函数关系。

**1. 关系表达式的类型**

关系表达式中的参数主要有尺寸符号（包括轮廓尺寸、构件尺寸、装配尺寸、参考尺寸等）和各种用户按一定的命名规则定义的参数。例如通过直径与圆周率算出来的周长也可以作为参数计算。关系表达式包括：

等式、不等式：例如 HD=(HZ+COS (beta))/2；(D1+D2) > (D3+5.6) 等。

函数：参数化设计软件的关系式中涉及大部分常见的初等函数。例如：SIN ( )、COS ( )、LN ( )、EXP ( )、ABS ( ) 等。

方程组：在参数化设计软件中，可利用方程组来计算设计参数。例如，矩形面积=100，周长=50，据此条件可建立方程组：D1×D2=100；2×(D1+D2)=50，求解该方程组可得出满足上述条件边长为 D1 和 D2 的矩形轮廓。

**2. 关系式的建立与管理**

多数参数化造型设计系统提供关系式功能窗口供用户建立和管理关系式。该功能窗口类似于文本行编辑器，允许用户添加、修改、浏览关系式；有的系统可使用 Windows 的记事本来建立和修改关系式。

### 5.3.4　参数化的表驱动技术

表驱动是比关系表达式更便捷高效的人机交互方式，让没有编程能力的设计师能够自由地把自己的设计思想固化在软件中，大大提高设计效率、降低设计成本并提升的设计质量。它是最重要的高级 BIM 建模技术之一，能否掌握和灵活应用表驱动技术是区分初级 BIM 应用者与中高级应用者的重要标志，只有具备丰富的设计知识和深刻理解面向对象思想的设计师才能有效应用此项技术。

**1. 设计变量**

构件特征上的每一个尺寸都对应着一个数据库里的变量，这些变量称为设计变量。变量的符号可以由系统自动分配，也可以由用户设定。改变这些变量的数值，就可改变构件的形状。

根据设计变量的性质不同，可以把设计变量划分为两类：局部变量和全局变量。所谓全局变量，是指该变量的变化不仅会影响到该构件自身的变化，同时与之相配合的其他构件的相关尺寸也需随之自动发生变化（例如不同构件的配合尺寸、通用件的公称尺寸都可以作为全局尺寸）。反之，那些只影响构件内部结构的尺寸是局部变量。

全局变量与局部变量是面向对象思想在 BIM 建模技术的体现，局部变量其实是封装于对象的只能由对象自己操作的变量，而全部变量及其约束的总和就是对象的接口。

**2. 变量赋值**

变量的赋值方式有两种：

直接赋值：例如，对变量 A，直接输入数据 A=100。标注尺寸时，系统默认的赋值方式为直接赋值，并按构件的实现尺寸进行标注。

间接赋值：即用上述的关系表达式赋值输入，例如，可输入方程 $A=(b+c)/d$。另外，也可采用电子表格方式，现有的建模软件一般内嵌有电子表格或者可以通过 ODBC、记事本等文件格式与电子表格软件交互。

### 5.3.5　表驱动构件设计

采用电子表格方式将变量的数据保存在一个电子表格内，然后将该电子表格与当前的构件建立链接关系，即可把该电子表格中的数据输送到构件模型中，得到与表格中的数据相对应的构件或部件。如果要修改构件的尺寸，则只需修改这个表格中的变量值，构件模型随即发生改变。这就是表驱动构件设计。

如果将同一个电子表格与多个构件建立链接关系，那么同一个表格中的数据就可以驱动不同构件中的相同变量，实现数据驱动。

对同一组设计变量可以分配不同的数据，称之为构件的不同配置（也称为不同版本），是设计标准化的重要技术基础。构件的不同配置由专门的系统模块管理，选择不同配置，就可以根据该配置的变量数据更新构件尺寸，从而得到不同配置的构件。由于国内外 BIM 设计市场尚未成熟，尚未有商业化的配置管理软件进入中国，国外先进的 BIM 设计企业一般根据公司的设计习惯与经验自行开发此类软件，是建立企业竞争优势的有力工具，机械制造业的配置管理器是高端 CAD 的重要组件，市场上也有专业的配置软件（一般是 PLM 平台的组件）出售。

### 5.3.6 动态导航技术

动态导航技术利用从工程制图标准抽象出来的规则，可预测用户的下一步操作，提供了一种指导性的参数化作图手段，利用动态导航技术和其他草图技术可以快速生成二维轮廓，大大方便了参数化操作。动态导航技术根据当前光标的位置能推测出用户的意图，用直观的图形符号将推测的约束显示在有关图形的附近，当光标到达图形上的一些特征位置时，屏幕上会自动出现相应的导航信息，帮助设计者决策。动态导航是一个智能化的操作参谋，它以直观的交互形式与用户进行同步思考，在光标所指之处，可自动拾取、判断模型的种类及相对空间位置，自动增加最符合设计师意图的约束，理解设计者的意图，记忆常用的步骤，并预计下一步要做的工作。由此，动态导航将与设计人员达成某种默契，可大大提高设计效率。

# 第6章
# 建筑产品信息建模方法之项目建模

建筑产品是不同功能单元的集成体，通常可划分为建筑、结构、机电等部分。各部分在同一大型空间内通过构件之间的静态配合完成建筑物整体功能，在施工阶段还涉及各类施工设备与构件的动态空间、功能、受力与位移配合。

建筑设计工作的目的是得到结构最合理的构件与空间装配体，建筑产品建模的目标是按合理结构创建一个逻辑装配体。当前 BIM 建模都是通过设计构件围护成功能空间，尚不能直接进行空间功能设计，在本质上仍然是构件设计装配。尽管相邻的柱与剪力墙在施工时可能在一个工序内浇筑混凝土，但其钢筋搭接与混凝土固化在建模时都视为装配的一种。由于项目包含了许多构件，如果单独设计每个构件，将导致设计成本难以接受，当代 BIM 设计中都尽可能充分参考和利用已有构件模板（例如 Revit 的族库），使设计工作接近在库中提取构件在电脑中装配成建筑物，在装配的状态下进行设计工作。

项目建模就是这种装配在 BIM 建模软件中的实现。

# 6.1　项目建模概述

建筑设计过程中不仅要设计建筑物的各个组成构件，而且要建立各种构件之间的连接关系。在 BIM 建模过程中，在构件建模的基础上，还要进行完整的项目建模工作，即在构件造型的基础上，采用装配设计的原理和方法在计算机中像搭积木一样先把房子造一遍，形成建筑整体项目设计方案，建立起建筑项目的整体模型。这种在计算机中将构件装配组合形成数字化装配模型的过程叫项目建模或称 BIM 设计。

## 6.1.1　项目建模的内容

项目建模的主要内容包括如下几个方面：

**1. 概念设计到构造设计的映射**

建筑物方案设计阶段的成果只是一些抽象的概念，构造设计的基本内容便是从这些概念出发，进行技术上的具体化，包括构件的结构与功能设计，项目结构尺寸、构件数量和空间相互位置关系的确定等，实现产品从概念设计到初步设计与施工图设计乃至于深化设计的映射。这种映射往往是"一对多"的关系，能够实现某方案的构造方案可能会有多个，优秀设计师能对不同的结构方案进行分析、评价和优选，选择性价比最高的方案。

**2. 数字化预装配**

运用建筑设计的原理和方法在计算机中进行产品数字化预装配，建立三维数字化模型，并对该模型进行不断的修改、编辑和完善，完成满意的设计方案，这个过程也被称之为虚拟建筑。

**3. 可施工性分析与评价**

指设计方案及其构件、组件在施工时的可实施性分析，这种分析应兼顾进度、成本、质量、安全与环境等多种要素，是衡量设计方案优劣的重要指标。仅依靠 BIM 建模软件很难进行可施工性分析，当前技术水平下需要有进度、成本、质量等指标数据库配合才可以实现，技术比较复杂，仅有极少数企业进行了相关的实践。目前流行的碰撞检查仅是其中一小部分内容，未能充分发挥 BIM 在施工阶段的价值，事实上碰撞检查属于设计成果验证，部分案例中还有一些数字化预装配的内容，并不能算可施工性分析。

### 6.1.2　项目模型的特点

建立项目模型的目的是设计方案的表达，为出图、各类明细表以及各类分析模拟提供模型，在理想情况下可以成为项目全生命期管理的信息基础，为施工运维管理提供数据源。

理想的项目模型是一个支持产品从概念设计到深化设计，并能完整、正确地传递不同专业模型的设计参数、设计管理层次和项目信息的信息模型。应该成为项目设计过程中数据管理的核心，是生成设计方案和支持设计变更的强有力工具。

项目模型能比较完整地表达建筑物的结构信息，不仅描述了构件本身的信息，而且描述了构件之间的装配关系及拓扑结构。模型是并行设计的重要技术支撑，建筑产品模型不但比较完整地表达了产品的信息，而且提供一些了设计参数的继承关系及其变化约束机制，保证了设计参数的一致性，有利于并行设计。

### 6.1.3　项目模型的结构

建筑项目模型中的元素（包含构件与标高、轴网等）结构往往是通过相互之间的装配关系表现出来的（即使在 MEP 专业有一些工程关系结构的应用，依靠装配关系实现），项目模型的结构有效地描述建模元素之间的装配关系。主要的装配关系有层次关系、装配关系和参数约束关系。

**1. 层次关系**

建筑设计方案是由具有层次关系的构件与组件组成的系统，在设计阶段往往按专业划分、在施工阶段往往按分部分项工程划分，在运营维护阶段一般按空间功能与系统结构划分，当代 BIM 建模软件还只能以构件为基本元素逐层拼装。在虚拟世界中体现为构件组件的不同的装配次序，在各阶段用不同精度的构件组装成组件（有人称之为分模型与子模型），再装配成建筑物模型。建筑模型之间的层次关系可以表示成一种树结构。图 6-1 是一个示例，有向边表达了父结点与子结点之间的所属关系，而结点表示子模型。

**2. 装配关系**

装配关系是建模元素之间的相对位置和配合关系的描述，反映元素之间的相互约束关系，是建立项目模型的基础和关键。根据建筑产品的特点，可以将建筑产品的装配关系分为三类：几何关系、连接关系和工程拓扑关系，但当前 BIM 建模软件主要支持几何关系，仅在 MEP 专业有连接关系和较弱的工程拓扑关系应用，实践中的工程拓扑关系一般通过二次开发或用建模方法实现。

几何关系主要描述实体模型的几何元素（点、线、面）之间的相互位置和约束关系。几何关系分为四类：贴合、对齐、相切和点面接触。连接关系是描述零部件之间的位置和约束的关系，主要包括螺纹连接、键连接、销连接、联轴器连接及焊接、粘接和铆接等。工程拓扑关系还处于发展过程之中，尚无一致的定义。

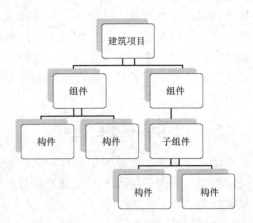

图 6-1　建筑模型之间的层次
关系的树结构示意图

### 6.1.4　项目建模原理

工程项目是将多个构件按技术要求连接起来，保持正确的相对位置和相互工程关系，按一定空间关系组成的项目工程、单项工程或其他逻辑拆分的项目组件。项目建模用一个空间架构，将构件组织成为子模型或项目模型。使设计人员能够便捷的抽取所需构件，建立与维护构件、子模型与项目模型之间的关系。这种关系不仅包括构件本身信息，也包含构件在项目中与其他构件和子模型之间的关联信息。

BIM 建模软件对制造业 CAD 的装配建模技术进行了改造，除了能建立构件与构件之间的连接与配合关系，还建立了一套建模基准（标高、轴网和其他参照面），通过建模基准与构件之间的空间关系可以准确地对构件定位，也可以基于建模基准生成二维视图，在二维平面上对构件进行各种操作，操作结果可以准确地映射到构件数据库中，实现二三维联动。连接关系表明构件是如何与其他构件或通过建模基准与其他构件连接的（例如，一对构件的两个平面相接触或两个圆柱体柱同轴）。

BIM 建模软件借用了面向对象思想中类的概念，同一个类可以生成多个子类与实例。通过实例能够识别项目中使用了相同构件的数量与位置。对于标准件与常用件而言，即使一个构件类（Revit 称之为族与族类别）在项目中用于多处，其数据也仅存储一次。定位数据、相对位置数据和方向数据精确地指定了项目中构件是如何连接的。

由于当前 BIM 建模软件还没充分利用制造业中公差、精度等技术，这导致 BIM 在工程质量等方面的应用技术比较复杂。

### 6.1.5　项目建模方法

项目建模的本质是利用参数化特征技术进行建筑设计，通常可分为自底向上的建模和自顶向下的建模。

**1. 自底向上的建模方法**

自底向上（Bottom-Up）的建模方法在一定程度上反映了施工过程：先建立构件的参数化模型，然后像搭建积木一样通过约束组合构件模型形成子模型，再将不同子模型在同一基准（主要是定位基准）下组合成项目模型（图 6-2）。

这种建模方法的构件、子模型之间的参数关联较弱，主要是空间定位关系，在设计的准确性、正确性、可修改性等方面存在一定缺陷，也难以实现数据从方案设计、初步设计到施工图设计的传递。但它与在软件技术上比较易于实现，被各种 BIM 建模软件支持，在构造设计时比较有效，是主流的 BIM 建模技术。

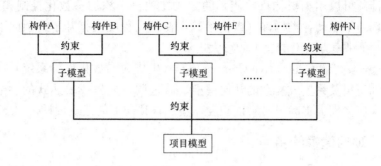

图 6-2　自底向上的建模方法示意图

### 2. 自顶向下的建模方法

建筑设计方案的形成是一个由顶到下、从粗到细的逐步求精求解过程。由于二维 CAD 天然的技术路线优势，非常利于自顶向下的设计，已经形成完整的技术体系，为过去近百年世界建筑业的巨大成就提供了坚实的技术基础，但由于其天然的技术路线缺陷，各阶段的数据之间缺少关系，难以进一步提升设计质量与设计效率。

自顶向下参数化建模是一种由最顶层的建筑产品结构传递设计规范与知识到所有相关子系统的一种设计方法学。通过自顶向下技术的运用，能够有效传递设计思想给各个子模型与构件，从而更方便高效的对整个设计流程进行管理。

自顶向下是从整体造型与功能开始，然后到子模型、再到构件的建模方式。在参数关系的最上端是顶级设计意图，接下来是次级设计意图（子模型），继承于顶级设计意图，然后每一级子模型分别参考各自的设计意图，展开初步设计和施工图详细设计（图 6-3）。

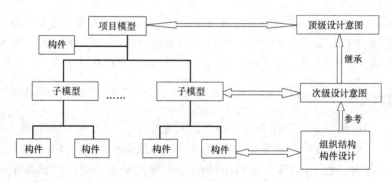

图 6-3　自顶向下的建模方法示意图

自顶向下的建模方法有许多优点，它能有效掌握设计意图，使不同级产品构成要素组织结构明确，能在设计团队间迅速传递设计信息，达到信息共享的目的，是各类建模软件的发展方向。但自顶向下建模方法对软件的功能提出了很高的要求，必须由变量化设计或者更高级的建模技术才能实现，因而不被多数主要 BIM 建模软件支持，CATIA 虽然具备自顶向下建模的能力，但由于它在建筑业的定制化不够，实现起来非常复杂，即使在制造业，目前也只在飞机、汽车等少数行业或少数技术能力非常出众的企业才能成功应用。

Revit 的体量工具具备一定的自顶向下设计能力，而其 2017 版本增加的全局参数功能，让设计师可以用编辑构件（族）的方式在项目中添加参数化控制和公式应用，可以在项目环境下驱动各类构件（族）参数，在很大程度上打开了自顶向下建模的大门，是 Revit 在建模方法论层次上的重大进步。

而 Bentley 公司的 Generative Components（生成式参数化设计系统）可以利用表达式、方程和逻辑关系生成复杂的几何模型，通过调整方程或表达式的参数，改变几何形体，将来有望大大提高设计智能程度，实现自顶向下的建筑设计。

### 6.1.6　项目建模的特点

不同 BIM 建模软件的项目建模虽然在功能和操作上有所不同，但原理和与特点基本相同。

**1. 构件模板与项目构件实例之间是一种引用关系**

建模环境中构件模板与项目模型中的构件之间是一种引用关系，构件模板是被引用在项目模型中的，同一个构件模板可以在项目模型中被多次引用，是面向对象思想中类与实例技术在 BIM 建模软件中的应用。

在 Revit 中，这种关系是隐性的，被引用的构件模板被称为构件族，由族编辑器负责编辑处理。而由多个构件族装配而成的部件被称为组或项目，同一个族可以在同一项目出现多次，每次出现都可以对相应的参数赋予不同的值，被称为实例，仅有被引用的族才会出现在最终的项目模型中。因而同样大小、构件几何特征相似的建筑项目模型占用的存储空间差异很大，设计标准化程度高、族种类少的项目文件可以比复杂项目小 3～5 倍，国内 BIM 设计往往外包给翻模公司建模，翻模时往往没有嵌入设计逻辑，缺少标准化思想，往往模型文件很大，对硬件要求很高，大大提高了 BIM 实施成本。

而在 Bentley 的 Aecosim Building Designer 中，这种关系是显性的，软件用不同的文件分别存储引用关系和构件模型。项目的复杂程度有三种表现形式：有的构件造型复杂，每个构件文件较大；有的构件众多，构件文件加总较大；有的设计逻辑复杂，拓扑关系文件较大。

**2. 全相关性**

在 BIM 建模软件中，构件模板（即面向对象中的类）与其引用模型（实例）间存在全相关性。即当原始零件模板发生更改时，则在所有组件中引用了这个模板的构件都将发生相应的更改。而以某个组件中的引用构件模型更改了原始模板中属于类层次预定义的参数时，则引用了这个模板的其他实例也都将发生相应的更改。

相关性贯穿于 BIM 建模软件的整个设计过程，BIM 建模软件不仅创建了"三维构件模型"，模型中还保存着各种设计意图，使在设计过程中任何阶段、任何时候的修改都能够扩展到整个设计中，并自动更新所有工程文档，包括项目模型、设计图纸及施工数据。相关性可以在设计周期的任一节点进行修改，却没有任何损失，并使并行设计成为可能。

**3. 参数约束关系**

设计过程中，有些参数是由上层传递下来的，本层设计部门无权直接修改，这类参数被称为继承参数。另一些参数既可以是从继承参数中导出的，也可以是根据当前的设计需要制定的，将这类参数统称为继承参数。当继承参数有所改变时，相关的生成参数也要随之调整。建筑信息模型中需要记录参数之间的这种约束关系和参数制定依据的信息，根据这些信息，当参数变化时，其传播过程能够显式直接实现或由特定的推理机制完成。

**4. 基于约束的构件装配**

在 BIM 建模软件中，所有的项目模型都是基于约束的，构件模板中不仅提供了构件的几何与非几何属性，还封装了建模行为，构件通过接口与其他建模元素（主要是其他构件以及定位基准，在 Revit 中都称为族，族这个名词在机械 CAD 与软件建模行业也广泛应用，并非 Revit 的独有技术与概念）按一定的约束关系组织拼装成子模型，再由子模型按照一定的约束关系组织形成项目模型。当前技术还不能按工程逻辑建立装配关系，例如立管穿楼板处不能按工程逻辑自动开洞等（需要通过二次开发实现），项目建模都是按构件与定位基准（主要是标高与轴网）的相对关系装配成项目模型。

基于约束的装配又称构件的参数化装配，装配过程通过不断添加引用建模元素，定义引用建模元素之间的约束类型，使其达到完全约束来实现项目建模。由于参数化装配通过完全约束来确定建模元素之间的相对位置关系，因此当某个建模元素发生改变时，将驱动相邻建模元素的位置发生相应的改变。

除参数化装配外，大部分 BIM 建模软件还提供了非参数化方式的装配。该方式使构件模型在项目模型中处于部分约束或不约束状态（例如 Revit 的内建族）。非参数化装配通常在不知道将引用的模型放置在哪里最好或不想相对于其他模型定位时使用，当移动未完全约束的模型时，不会驱动其他模型的位置或尺寸变动。

# 6.2　建筑信息模型的信息组成

BIM 建模软件不仅要处理设计的输入信息，还应能处理设计过程的中间信息和结果信息，因此，建筑信息模型中的信息应随设计与施工过程的推进而逐渐丰富和完善。这些信息主要由以下六个方面的内容组成。

## 6.2.1　管理信息

管理信息是指与项目及其建模元素管理相关的信息。管理信息的技术来源于制造业的 BOM 表，是明细表的拓展，包括项目各构成元素与子模型的名称、代号、材料、件数、技术规范或标准、技术要求，以及设计者和供应商、设计版本等信息。它们是在项目设计施工中逐渐形成的，主要作用是为设计、施工过程以及运维阶段的管理提供参考和基本依据。主流 BIM 建模软件只能通过人机交互界面逐一输入管理信息，信息生产成本居高不下，让管理信息的输入失去商业价值，Revit2017 的全局参数在功能上有所突破，但国内 BIM 界并未充分利用，国外先进 BIM 实施企业通过合理切分模型与二次开发部分地解决了相关问题，效率提高很大，让 BIM 设计可以在成本上与二维 CAD 设计竞争。

## 6.2.2　几何信息

几何信息是指与产品的几何实体构造相关的信息。它们决定构件和整个项目各组成部分的几何形状与尺寸大小，以及各组成部分在项目中的位置和姿态。商用 BIM 建模软件已具备较完善的几何建模功能，项目模型所需的几何构造信息可直接从相关的内部数据库提取。

## 6.2.3　拓扑信息

拓扑信息包括两类信息。一类是项目实体构成的层次结构关系，这类信息与具体应用领域有关，往往因工作目标不同而在"视图"上有所差别。从设计、施工、分析计算与运维的不同角度分析，其层次结构组成关系往往是不同的。由于当前主流 BIM 建模软件并不支持拓扑多态性，国外优秀的 BIM 实践者通过合理拆分模型与二次开发部分地解决了此类问题，在很大程度上提高了信息的互用性。中国 BIM 发展联盟理事长黄强等人提出了按专业与工作任务拆分模型的 P-BIM 思想与广义 BIM 实施矩阵，其思路与国外的先进 BIM 实践和制造业的成功经验相近，而架构更为庞大和系统，有可能为 BIM 的发展带来革命性的突破。

另一类信息为装配元件之间的几何配合约束关系，主要有贴合（Mate）、对齐（Align）、同向（Orient）、相切（Tangent）、插入（Insert）和坐标系重合（Coord Sys）等。这类信息取决于静态装配体的构造需求，与应用领域无关。

## 6.2.4　工程语义信息

工程语义信息是指与建筑工程应用相关的语义信息。工程语义信息主要包括以下五类：

项目构成部分的角色类别，如墙、门、窗、建筑专业子模型、结构专业子模型等。

构件的分类分组（Clustering），如柱、建筑柱、矩形柱等。

构件的强制优先（Priorities）关系，包括基体定义、强制领先和强制滞后关系，可解决构件之间（例如墙与柱）相交时的扣减次序等问题，是按工程量清单规则计算工程量的重要技术基础。此技术在高端 CAD 中比较成熟，BIM 建模软件的相关技术还不够灵活，需要采用合理的建模方法与二次开发解决相关问题。也有一些专业的软件可以与 BIM 建模软件配合处理此类问题，例如 Solibri 等。

构件之间的工艺约束等关系。目前在 MEP 专业较好，建筑与结构专业做的很弱。

构件之间的设计参数约束和传递关系。

## 6.2.5　施工工艺信息

施工工艺信息是指与项目施工工艺过程及其具体操作相关的信息。施工工艺信息包括各构件的施工顺序、施工路径，以及施工工位的安排与调整、施工设备的介入、操作和退出等信息。主要为施工工艺规划和施工过程仿真服务，包括相关活动和子过程的信息输入、中间结构的存储与利用、最终结果的形成等。目前 BIM 建模软件对在这方面做的很弱，一般采取二次开发处理这类问题。

### 6.2.6　施工资源信息

BIM 模型中施工资源信息是指与建筑施工工艺过程具体实施相关的施工资源的总和，主要包括施工设备的组成与控制参数、劳动力技术工种能力以及调配参数等。这是一种狭义的资源，仅包含过程资源，而不包括材料等构成最终构成建筑物组成部分的资源（这在 BIM 建模中用几何信息和管理信息组合处理）。这些信息用于构造虚拟的施工工作环境，是数字化施工必不可少的技术前提。当前 BIM 建模软件并不支持施工资源建模，一般通过二次开发部分的解决这类问题，IFC 中提供相关的机制，但尚不被主流建模软件支持。

# 6.3　装　配　特　征

BIM 技术试图让工程师在施工前先像搭积木一样房子虚拟装配一次，这种装配建模是通过定义构件模型之间的装配约束实现的。装配约束是实际环境中构件之间的装配设计关系在虚拟设计环境的映射，不同虚拟设计环境定义的装配约束类型不尽相同，但都通过对组件（构件、部件与子模型等）约束形成装配模型的效果。

最主要的装配约束有九类，主要是匹配、对齐、插入、坐标系、相切、线上点、曲面上的点、曲面上的边、自动等，通过两个或两个以上的装配约束使建模元素之间达到完全约束来形成装配。这些约束有些在功能上较为相似，但实际有不同的工程含义，限于篇幅，本书仅介绍其软件功能，其工程含义将在《BIM 建模原理》一书中详述，本书仅描述构件与构件之间的装配特征。BIM 建模软件可以对标高轴网等参照元素进行同样的操作，虽然这类元素体积与重量为零且没有物理功能，并非真实建筑物的组成部分。

### 6.3.1　匹配

匹配约束（Mate）使所选面与参照面正法线方向反向（即面对面）放置，不一定实际接触或贴合，匹配约束只能操作模型表面或基准平面，可分为重合、正向偏移、负向偏移和定向四种情况。

**1. 重合**

重合是对两个平面的操作，把个两个不同构件的两个面反向定位在同一平面（图 6-4）。

图 6-4　重合定位操作示意图

此操作通过两个构件重合面把两个构件紧密装配在一起。不仅用于相临墙的连接、墙与板的连接等构件直接，更多的应用于基于标高、轴网等参照图元的构件定位，间接连接构件（图 6-5）。

**2. 正向偏移**

正向偏移让两个构件模型的表面平行，保持一定距离，从而让两个构件保持一定

图 6-5    两个构件重合面进行构件定位示意图

间隙装配在一起，间隙中可以填入灰浆，把两个构件粘结在一起，也应用于钢板间的
焊缝处理等（图6-6）。

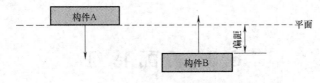

图 6-6    正向偏移示意图

操作时先选取两个需要匹配的模型表面，然后输入正偏移值，则两个所选表面沿
指示方向偏移后面对面定位（图6-7）。

图 6-7    正向偏移装配约束操作过程

### 3. 负向偏移

负向偏移用于两模型表面正法线方向相反，并按指示方向的反方向偏置定位（图
6-8）。混凝土墙与板等构件连接都依靠负向偏移实现，而工程量计算时的扣减、嵌入
等工作都需要提取负向偏移值实现。

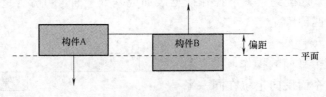

图 6-8    负向偏移示意图

操作过程如图6-9所示，选择该装配约束后，首先选取两个需要的模型表面，然
后输入负偏移值，则两个所选的模型表面沿指示方向的反方向偏移后定位（图6-9）。

### 4. 定向

定向用于两个模型表面正法线方向相反时的定位，所选表面不一定接触且相互偏
置距离可正、可负也可以为零（图6-10）。

图 6-9　负向偏移装配约束操作过程

在几何意义上定向是前三种操作的总和，应用方法灵活，但其工程语义不及前三种操作明确，不易于信息管理，因而作为一个独立操作存在。

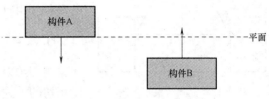

图 6-10　定向定位示意图

## 6.3.2　对齐

对齐约束（Align）使构件与参照对象的正法线同向定位，其中参照对象可以是模型表面、基准平面、轴线、边、基准点或顶点。对齐约束要求所选的两个对象必须是同一种几何元素，即面对面、线对线、点对点。

**1."面对面"对齐**

面对面对齐与匹配操作相近，区别在于对齐操作用于法向相同的面，也分零偏移（一般称为重合）、正向偏移和负向偏移与定向四种情况，主要用于基于参照基准（标高与轴网等）构件定位，也用于子构件在母构件中定位（比如门窗在墙体中的定位等），如图 6-11 所示。

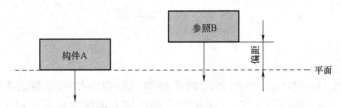

图 6-11　面对面对齐示意图

**2."线对线"对齐**

线对线对齐约束主要用于对齐轴线、边线和曲线，使之成一条直线，让不同构件基于同一定位基准连接在一起，门窗在门洞上的装配，轴与孔的装配都靠此约束实现，不仅用于设计建模，在施工与制造中的应用更为广泛。如图 6-12 所示。

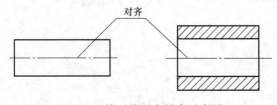

图 6-12　线对线对齐约束示意图

**3.点与点对齐**

点与点对齐约束用于使模型中的两点重合在一起。一般需要用多组点点对齐实现构件定位或与其他约束配合使用。

### 6.3.3　插入

插入约束（Insert）使待装配零件上的曲面与参照对象上的曲面同轴（图6-13），

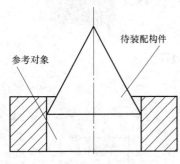

曲面不一定是全360°的圆柱面、圆锥面，常用于轴与孔的配合约束，与对齐约束中的线线对齐具有相同的含义，但在操作上存在差异，对齐约束选择各自轴线来同轴定位，而插入约束则是选择曲面，此操作在机电专业应用较多。

### 6.3.4　相切

相切约束（Tangent）使待装配构件与参照对象以相切的方式定位（图6-14），参照对象可以是参照模型的表面或基准平面，相切的两个对象必然至少有一个是曲面，即平面与曲面相切或曲面与曲面相切。

图6-13　插入约束示意图

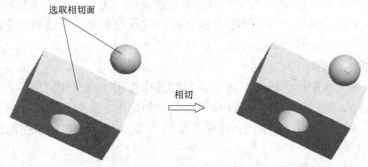

图6-14　相切约束示意图

### 6.3.5　坐标系

坐标系约束（Cord Sys）使待装配构件与参照模型的坐标系自动重叠，并使两坐标系的相应坐标轴对齐（图6-15）。操作时，选取两模型的坐标系，则不仅两坐标系原点重合，相应的轴也完全重合。这种约束的特点是只需要这一个约束就可以实现两个构件的完全约束和定位。构件在项目中定位一般依靠坐标系约束定位，例如 Revit 族放置在项目中时会自动寻找标高、轴网定位装配。

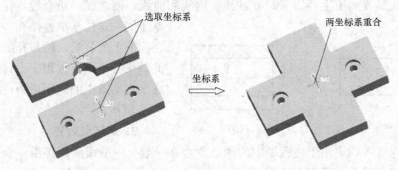

图6-15　坐标系约束示意图

### 6.3.6 线上点

线上点约束（Pnt on Line）使待装配模型上的点与参照对象上的线相接触形成装配关系（图6-16）。点可以是构件或组件中的任意一点，如顶点或基准点，线可以是零件或装配体中的边、轴线、基准线或是边线的延伸。

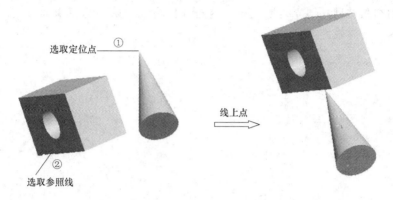

图6-16　线上点约束关系示意图

### 6.3.7 曲面上的点

曲面上的点约束（Pnt on Srf）使待装配模型上的点与参照对象上的面相接触形成装配关系（图6-17）。点可以是构件或装配体中的任意一点，如顶点或基准点，曲面可以是构件或装配体中的曲面特征、基准平面或实体的表面等。

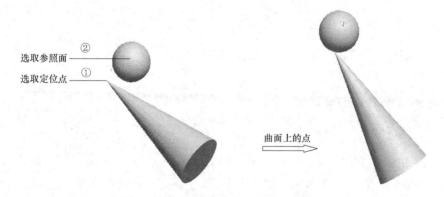

图6-17　曲面上的点约束关系示意图

### 6.3.8 曲面上的边

曲面上的边约束（Edge on Srf）使待装配模型上的直线边与参照对象上的表面或基准平面等相接触形成装配关系。

### 6.3.9 角度

角度约束在两个零件的相应对象之间定义角度约束，使相配合零件具有一个正确的方位。角度是两个对象的方向矢量的夹角。两个对象的类型可以不同，如可以在面和边缘之间指定一个角度约束。

### 6.3.10　自动

自动约束（Automatic）在两个参考特征被选中时，系统依据特征情况自动判定、选择合适的约束类型并建立装配关系，这是一种系统默认的约束施加方式，也是提高装配速度的一种有效方法。

# 第7章
## 三维图形显示

# 7.1　三维图形显示工作流程

## 7.1.1　图形的表示

目前鼠标、键盘和平面显示器仍然是最主要的人机交互工具，图片、视频与图形都要在显示器上用二维的方法显示，在平面上模拟人的视觉系统对建筑产品的视觉印象。图形显示的实质是计算机的图形图像描述方式转换为显示器支持二维像素点阵描述方式。

目前计算机形体表示方法可分为参数法和点阵法两类。

**1. 参数表示法**

参数表示法把形体用形状参数（方程或分析表达式的系数，线段的端点坐标等）与属性参数（颜色、线型等）来表示，亦称矢量图形，简称图形，是 BIM 建模与计算机图形学的核心内容，实体模型、表面模型、线框模型以及二维 CAD 等都是矢量图形。

矢量图形是由矢量定义的基本图形元素组成，把矢量图元由一组图形对象构成，每个对象都有自己的属性，例如：颜色、形状、轮廓、大小和输出位置等。矢量图形处理的基本单位是图形对象，每个图形对象都相对独立，可以分别移动或编辑而不会影响其他对象。矢量图形文件存储的是绘制图形中各图形元素的命令，输出矢量图形时，需要相应的软件读取这些命令，并将命令转换为组成图形的各个图形元素显示出来。

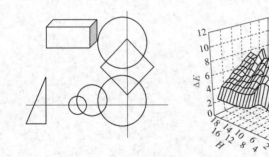 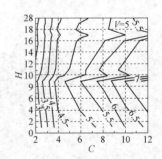

图 7-1　图形对象构成矢量图元示意图

矢量图形是基于数学方法描述的，图形文件相对较小，颜色的多少与文件的大小基本无关。矢量图形的输出质量与分辨率无关，可以任意放大和缩小，是表现文字与线条等图形的最佳选择。

**2. 点阵表示法**

点阵表示法枚举出图形对象所有的点的特征，简称为图像，各种图像最终都要在显示器上以位图图像形式显示。位图是矩阵形式表示的一种数字图像，矩阵中的元素称为像素，每一个像素对应图像中的一个点，像素的值对应该点的灰度等级或颜色，所有像素的矩阵排列构成了整幅图像。

图像文件保存的是组成位图的各像素点的颜色信息，颜色的种类越多，图像文件越大。在将图像文件放大、缩小和旋转时，会产生失真。位图图像的放大与缩小是通过增加或减小像素实现的，放大位图时，就可看见构成整个图像的无数个小方块，线条和形状也显得参差不齐。同样，缩小位图尺寸也会使原图变形。由于位图图像是一个像素矩阵，所以局部移动或其他操作就会破坏原图形状，图像的处理质量与整个处理环节所采用的分辨率密切相关。

**3. 矢量图形到屏幕点阵的转换**

位图图像处理的基本单位是像素，文件中存储的是像素，具有文件的数据量巨大的缺点，存储和传输时需要进行必要的数据压缩，且不便于编辑修改，但当前主流显示器都是基于栅格技术的显示器，只能用点阵显示图形。矢量图形处理的基本单位是几何图形对象，文件中存储的是对应的绘制命令和参数，矢量图形文件的数据量很小，能方便地对每个图像元素方便的进行编辑修改，却不被栅格显示器支持。

为了解决这个矛盾，建模软件都用矢量法加工处理图形，用点阵法显示图形，在显示时需要进行矢量到点阵的转换。点阵法显示项目图形对内存和 CPU 的压力极高，已经超出了当代任何计算能力，因而转换的关键并非模拟人的视觉感受，而是用可承受的计算量（计算机图形学称为提高算法效率），达到用户可接受的视觉效果，这种转换被称为真实图形显示。

## 7.1.2　三维图形显示流程

计算机内的三维矢量实体模型逐步转换成显示器上的二维像素点阵，在本质上是一个数据不断裁剪、转换与映射的过程（图 7-2）。

**1. 三维观察**

在建模坐标系中创建的模型，必须以全局坐标系存储（BIM 建模软件一般以项目坐标系为全局坐标系）。观察者处于不同位置，看到不同的建筑物形态。例如人不同角度看到同一块砖的不同形态（图 7-3）。

图 7-2　三维图形显示流程

计算机模拟观察者眼中的建筑物映像时，为了模拟人眼的观察角度，需把项目坐标系换算为人的观察坐标系。

人不可能在同一时刻看到模型的所有形态，为了降低后续工序的工作量，在这一阶段去除了两种不可能在平面显示器上显示的形体，一种是在观察窗口以外形体（类似于人透过家里的窗户观察外面的世界，外面的大部分物体都被墙挡住了，人眼能看到的只是那些在窗户之内的物体），这是一个远大近小的四棱锥，所以也称四棱锥裁剪；同时还要去除前面被不透明物体挡住的物体，剩下的形体进入

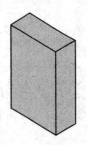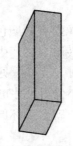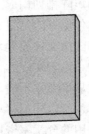

图 7-3　人不同角度看到同一块砖的不同形态

后续流程。

备注：大多数文献中的三维观察仅指坐标变换，这符合图形学的理论，本书基于建模软件的实际处理方式，把三维裁剪与背面剔除纳入三维观察范畴。

**2. 消隐**

在观察窗口内的三维图形被投射到一个假想的平面上，转换成为基于假想平面的三维坐标模型，由于不同的面、边框距离观察者距离不同，有些面与线被其他面与体遮挡而不可见，有的面与线不被遮挡，这些可见的线被保留下来，进入下一工作流程。消隐与背面剔除之间并无绝对的界限，不同软件不同算法的处理方式不同，在某软件中由背面剔除处理的在另一软件中可能会在消隐过程中处理，但总体而言，背面剔除主要负责不可见的三维实体，而消隐主要负责消除三维实体中不可见的面与线（图7-4）。

四腿桌　　　　　背面剔除(去掉不可见腿)　　屏幕坐标转换(可以不剔除第四脚)　　消隐(仅保留可见面与线)

图 7-4　消隐与背面剔除之间的比较示意图

**3. 真实感图形显示**

BIM建模软件从材质纹理库中读取各可见面的纹理或图片，建立显示模型。BIM建模软件仅能根据产品模型中指定的材质编码，在材质纹理映射库中按编码或标识读取指定的纹理送入显示模型，而非真正的所见即所得，模型是否真实并不取决于产品模型中的材质信息是否正确，而是取决于纹理与实物的相似度。如果建模者在模型中错误地把混凝土柱的材质定义为木质，而刚巧所指定木质的纹理定义与混凝土很相似，显示效果仍然是很真实的。同一BIM模型导入不同BIM建模软件的显示效果总是有很大差异，甚至完全没有真实感，原因往往在于不同厂家的材质库映射关系差异很大，用IFC交互的模型即使返回原建模软件也往往面目全非，主因也是失去了材质映射关系，仅当使用同一材质库的同一厂家软件才能对同一模型有相近的显示效果。BIM建模软件所提供的纹理库的显示真实度非常有限，更真实的显示效果往往需要用照片贴图处理作为纹理，这种处理方式被称为图案以区别于一般的纹理，但这种方式的硬件开销太大，工程意义有限，一般不在建模过程中采用，往往用专业的可视化软件的效果图生成。

　　同一纹理的产品模型在不同光源条件下的显示效果仍然不同的，BIM 建模软件建立不同的照明与阴影要求对模型进行光照处理，形成真实感图形送入硬件进行光栅处理（也称扫描转换），最终转换成为二维像素点阵在显示器上显示。

　　特别说明，光照处理之前可以不进行纹理映射，纹理映射或光照处理之间也没绝对的先后关系，有一定的并行成分，大体上可以认为先纹理映射后光照处理。

# 7.2　三 维 观 察

　　建模所创建的坐标系是一个理论上横向无穷长、纵向无穷宽、竖向无穷高的开放空间，这么大空间不可能在几百万像素的显示器上同时显示，一个项目的所有形体一般也不需要同时在一个显示器上显示。需要显示的是观察者在某一角度从假想的屏幕大小的窗口所看到的那一部分。为此需要做三个工作：先把世界坐标系描述的模型转换为观察者视角的观察坐标系，然后把观察窗口以外的形体剪掉，再把窗口以内的形体转换为显示器屏幕的设备坐标系。

　　此外当前主流技术为了模型能够在各种平面显示器上便捷显示，又人为地增加了一个规格化坐标系，观察坐标系的中形体并非直接转换为设备坐标系的二维图形，而是先转换为规格化坐标系再转化为屏幕（即设备）坐标系，主要作用是提高程序的可移植性。

## 7.2.1　图形显示中的坐标系

　　图形显示与建模的坐标系是相近的，但各坐标系的角度与作用有很大不同。

**1. 世界坐标系**

世界坐标系（World Coordinate Systems），亦称全局坐标系，用于所有图形对象的空间定位和定义，包括观察者的位置、视线等。计算机图形系统中涉及的各种坐标系统都是参照它进行定义。

**2. 局部坐标系**

局部坐标系（Local Coordinate System），亦称建模坐标系或用户坐标系，主要为建模方便，独立于世界坐标系来定义物体几何特性，通常是在不需要指定物体在世界坐标系中的方位的情况下，使用局部坐标系。通过指定在局部坐标系的原点在世界坐标系中的方位，然后通过几何变换，就可很容易地将"局部"物体放入世界坐标系内，使它由局部上升为全局。

**3. 观察坐标系**

观察坐标系（Viewing coordinate systems），观察坐标系通常是以视点的位置为原点，通过用户指定的一个向上的观察向量（View up vector）来定义整个坐标系统，缺省为左手坐标系，观察坐标系主要用于从观察者的角度对整个世界坐标系内的对象进行重新定位和描述，从而简化几何物体在投影面的成像的数学推导和计算。

### 4. 成像面坐标系统

成像面坐标系统，它是一个二维坐标系统，有的文献称之为投影面坐标系，是一个假想的平面，所有三维实体都投影于其上，用这些投影显示形体的几何特征。

### 5. 屏幕坐标系统

屏幕坐标系统也称设备坐标系统，主要用于显示设备表面上点的定义，对于每一个具体的显示设备，都有一个单独的坐标系统，在定义了成像窗口的情况下，可进一步在屏幕坐标系统中定义称为视图区（View port）的有界区域，视图区中的成像即为实际所观察到的图像。

为在三维空间创建和显示物体，首先必须建立世界坐标系，然后指定视点的方位、视线和成像面的方位，还必须在各坐标系之间进行视见变换和投影变换，才能得到物体的成像。

## 7.2.2  规格化变换与设备坐标变换

世界坐标和规格化设备坐标（Normalized Dovice Coorolinates）简称 NDC，是两个同时使用的坐标系统，世界坐标是设计者描述现实世界对象所用的坐标系统，其坐标的范围可以是任意大小的。NDC 是计算机图形软件描述设计对象所用的坐标系，图形硬件的不同，设备的坐标系统也不同，例如有的图形显示器的分辨率只有 $640 \times 480$，而有的高达 $2408 \times 1024$，至于绘图机的输出坐标还可以更大。为了使用图形软件于在不同设备之间移植，图形软件并不采用实际的设备坐标，而采用规格化设备坐标 NDC。NDC 定义 $x$ 方向和 $y$ 方向的变化范围均为 0~1。从 NDC 到各图形硬件实际坐标之间的映射由图形软件自动实现。因此，使用图形软件的用户均以 NDC 在各图形输出与显示设备上作图。

世界坐标范围是无限大的。为了使 NDC 上所显示的世界坐标中物体有一个合适的范围与大小，首先必须对世界坐标指定一个显示范围，它通常是个矩形。这个在世界坐标系中的矩形被称为窗口（Window），而在 NDC 上也要指定一个矩形位置来与窗口对应，显示窗口里的内容。这个在 NDC 中的矩形被称为视区（Viewport）。图形软件根据窗口与视区的一一对应，自动实现从世界坐标到 NDC 的转换。这种从窗口到视区的变换，称为规格化变换（Normalization Transformation）。

## 7.2.3  坐标转换

坐标转换把世界坐标系的三维形体转换为屏幕坐标系的二维平面，从而为二维平面表达三维形体扫除障碍。图 7-5 世界坐标系中的以长度"毫米（mm）"为单位描述的形体最终要逐步转换为右边以像素为单位的平面坐标系。

### 1. 世界坐标系到观察坐标系的转换

建模软件读取世界坐标系中形体的所有特征点（图 7-6 所示的三棱锥的特征点是其四个顶点，对于曲线曲面还包含型值点与控制点），然后从把这些点在世界坐标系中的三维坐标值换算为观察坐标系中的三维坐标值，由于坐标变换仅改变形体的各尺寸大小而不会改变几何元素的拓扑关系，重新按原拓扑关系把点连成线、线围成面、面围成体就得到了在观察坐标系中三维几何形体，如图 7-6 所示，当观察角度垂直于水

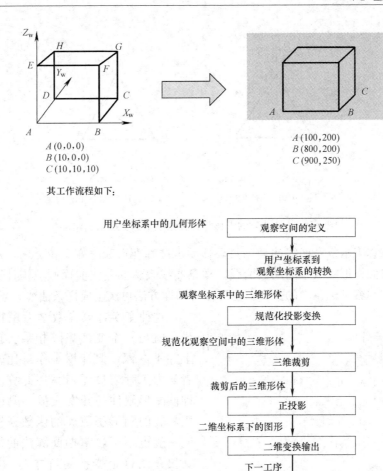

图 7-5　世界坐标系中的形体转换为平面坐标系示意图

平面时，在观察平面看到的顶点 $V_1$ 与顶点 $V_4$ 重叠的三棱锥：

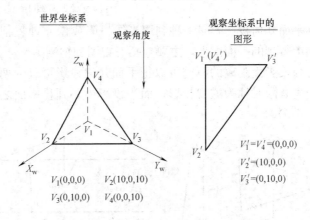

图 7-6　世界坐标系到观察坐标系的转换

对于同一实体，不同观察坐标系的模型形状大小是一样的，但其相对于坐标系的位置却是不同的。在数学上通过各几何要素的平移与旋转即可完成此类变换，如图 7-7

所示。

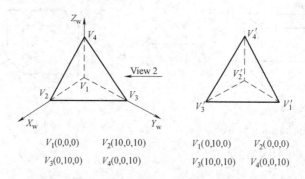

$V_1(0,0,0)$　　$V_2(10,0,10)$　　　　$V_1(0,10,0)$　　$V_2(0,0,0)$
$V_3(0,10,0)$　　$V_4(0,0,10)$　　　　$V_3(10,0,10)$　　$V_4(0,0,10)$

图 7-7　几何要素的平移与旋转完成坐标变换示意图

用参数方程表示复杂曲线曲面，只需移动定位基准点和改变定位方向，用原参数方程即可生成同样形状大小的参数曲线，样条曲线表达的曲线曲面则只需计算各控制点与型值点在观察坐标系中的坐标，也可以用同样方法再次生成样条曲线。

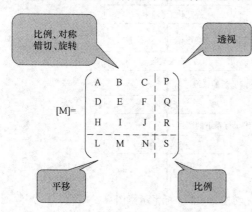

图 7-8　变换矩阵示意图

这种变换计算在数学上用特征点的坐标值与一个变换矩阵相乘实现，原理上并不高深，但计算工作量比较大，笔者认为工程人员无需掌握此算法，因为即使图形软件的开发人员一般也通过调用封装的图形函数库的函数来实现，他们一般也不了解掌握此算法的细节，本文仅介绍这个变换矩阵本身（图 7-8），有兴趣的读者可以参阅计算机图形学的相关教材了解相关技术细节。

**2. 投影变换**

用户坐标系到屏幕坐标系的变换又称投影变换，或称平面几何投影，是一种利用光线投影成像原理将把三维立体（或物体）投射到投影面上得到的平面图形，主要包括三视图和轴测图。

根据投影中心与投影面距离的不同可以把平面几何投影可分为两大类：投影中心到投影面之间的距离有限时称为透视投影，而当投影中心到投影面之间的距离无限时称为平行投影（图 7-9）。

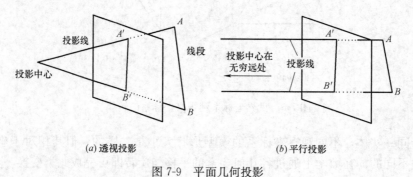

　　　　(a) 透视投影　　　　　　　　　　(b) 平行投影

图 7-9　平面几何投影

　　根据投影线与投影面的角度以及投影中心的数量又可以把这两种投影进一步分类，BIM 建模软件主要应用了正投影和一些透视投影。

　　投影面与某一坐标轴垂直时得到的正投影被称为为三视图，由于它能够完整而准确地表达出形体各个方向的形状和大小，作图方便，得到广泛应用。这种正投影的生成技术非常简单，只需要抽取三维世界坐标系中两个坐标就可得到二维投影，依次取 XY 值、XZ 值与 YZ 值可以直接得到俯视图、正视图与侧视图，通过垂直于投影面的坐标值的大小也很容易判断与形体在观察时的可见性，便于消隐计算，这种投影变换计算量最小，消耗硬件资源少，在建模等需要电脑快速响应在操作时一般都采取这种投影模式，而其他投影方式远比正投影消耗电脑资源，一般不作为交互操作的工作平面，因而多数 BIM 建模软件对曲线轴网的支持能力有限，难以在曲线剖切面上交互建模。

　　透视投影与我们日常生活中观察景物时的视觉感受相一致，例如：我们在大街向远看时，相同高度的路灯，近处的觉得高，远处的觉得矮，越远越矮，最后汇聚于一点，人眼这种远小近大的感受在计算机中被称为透视现象，基于按这种原理的二维投影被称为透视投影。这种投影方法要根据景物距离投影面的远近计算形体在显示平面的大小，计算机计算量很大，响应较慢，一般用于视频或平面效果，很少用于建模。

**3. 裁剪**

　　为减轻硬件负担，在坐标变换的同时，各种三维软件都会在坐标变换的同时把不需要在显示器上显示的形体过滤掉，避免后续流程工作量过大，这个技术被称为裁剪。

　　当代三维技术主要用三种方法过滤不可见形体：

　　一种是类 LOD 方法，先从大颗粒度上进行窗口可见性判断，如果某栋房子都不是在观察窗口之内，则此房子中的各门窗都不是观察窗口内，无需再去分析计算。由此逐步从大至小，逐步求精，从而大大减少了计算量，其技术思想接近八叉树法实体模型。此类技术在三维 GIS 与三维游戏等领域应用较多，在 BIM 建模软件中应用极少。

　　第二方法的代表是包围盒方法，计算一个复杂曲面三维形体是十分困难，极消耗计算资源，部分图形软件为构件建立一个外包长方体或其他简单形体。如果连外包长方体都不在观察窗口内，则无需再去计算各曲面曲线。长方体的可见性计算要比曲面形体简单得多，大大降低了计算量。

　　第三种是所有三维软件都有所采用的技术，如果简化方法不能确定形体可见性，可以通过对每一对拓扑相邻的特征点进行观察窗口可见性计算。由于当代计算机实体描述技术都是以点最基本的几何元素的，如果两个特征点都在观察窗口之内，则由这两个点定义的几何元素在观察窗口内，当所有特征点都在观察窗口之外，则几何元素不在观察窗口内，而当两个特征点一个在观察窗口之内一个在观察窗口之外时，则求该出几何元素与窗口边界的交点，进而切除不可见部分，保留可见部分，进入下一显示流程。

　　由于三维显示对硬件的要求远远超出了 PC 的能力，为减少计算量进行的数据裁剪贯穿了显示流程。当代三维软件研究与实践者发明了多种裁剪算法，其工作目标与总体完全相同，区别在于各类算法从不同角度提升了计算效率，降低了对硬件的要求。

　　特别说明，在计算机图形学中则用窗口与视口两个名词描述观察窗口的相关内容。

由于图形学中的窗口与视口区分刚好与 Windows 中的窗口相反，笔者教过的所有建筑工程人员都无法正确区分窗口与视口。虽然这种区别对于编程人员算法调用所必须掌握的基本功，但这种区分对从事 BIM 设计或施工的建筑人员并无意义，因而本书创造了观察窗口的名词统一表达窗口与视口的内涵，具备相应图形学知识的读者须注意其中的差异与区别。

## 7.3 消隐处理

### 7.3.1 消隐处理概念

投影变换把三维图形变换成为二维图形，失去了深度信息，尽管计算机内部仍然存储着图形的第三维信息，但人眼不能通过二维图形还原图形的三维特征，往往导致图形理念的二义性，比如人对同一个长方体的线框模型可以产生两种不同的理解（图7-10）。

图 7-10  人对同一个长方体的线框模型可以产生两种不同的理解示意图

人们在自然的观察空间任何一个不透明的物体时，都能正确的理解三维形体，这是因为人只能看到该物体上朝向人们的那部分表面，其余的表面由于被物体所遮挡而看不到了，人通过这种方式理解真实三维形体。为了消除投影变换带来的二义性，三维软件必须在显示时消除被遮挡的不可见的线或面，模拟人的视觉感受，这种技术叫消隐处理，消隐后的投影图称为物体的真实图形。

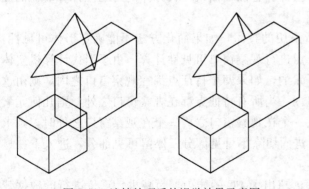

图 7-11  遮挡处理后的视觉效果示意图

自然界中的三维形体都会因和观察者距离不同而产生遮挡关系，被遮挡的不可见的线和面分别称为隐藏线和隐藏面。隐藏线和面不仅仅有形体自身的，而且还有形体之间互相遮挡的。消除它们即称为消除隐藏线和消除隐藏面。当我们显示线条图或用笔式绘图仪或其他线画设备绘制线条图形时，要解决的主要是消除隐藏线的问题。而当用光栅扫描显示器显示物体的明暗图形时，就必须要解决消除隐藏面的问题。图 7-11 右侧图即为左侧图经过遮挡处理后的视觉效果。

### 7.3.2 隐藏线的消除

20 世纪 60 年代初期，人们就已经研究出了消除隐藏线算法，由于在消除隐藏线的显示模式中，线是被面挡住的而不是被线挡住，所以线框模型不能进行隐藏线消除的，必须有面的信息（最好有体）才能够进行隐藏线消除计算。

在消隐计算时首先要进行坐标变换，将视点变换到 $Z$ 轴的正无穷大处，把视线方向变为 $Z$ 轴的负方向。然后判断面对线的遮挡关系，反复地进行线线、线面之间的求交运算，最后得出隐藏线显示模型。

### 7.3.3 隐藏面的消除

光栅扫描显示器产生具有真实感明暗图形，当它成为主流显示器后，又出现了多种隐藏面消除算法。随着计算机硬件技术的飞速发展，有些隐藏面消除算法已经固化于硬件中，极大的提高了处理速度。

消隐算法大体可分为两类：一类是图像空间的消隐算法，以窗口内的每个像素为处理单元；如 $Z-buffer$、扫描线、Warnock 算法等；另一类则是物体空间的消隐算法，以场景中的物体为处理单元；如光线投射算法等。

**1. 物体空间的消隐算法**

物体空间的消隐算法一般是在规范化投影空间或观察空间进行的，在物体空间进行消隐需将画面中的每个物体对象都与其他对象一一比较，精确的求出它们之间的遮挡关系。因此，这类算法的计算量是对象数量的平方。

在规范化投影空间，物体的平行投影和透视投影的消隐算法是统一的（视点都在轴正向无穷远处），但经过透视变换后，物体形状产生了变形，得到不同的显示图形。

**2. 图像空间的消隐算法**

图像空间算法是在屏幕坐标系中实现的，所有对象平面投影的每个像素点都在屏幕坐标系上按第三维（垂直于屏幕的一维）的坐标值进行对比，其中距离屏幕最近点的像素是可见的，其他对象再逐一与可见点比较第三维坐标值，保留可见点再与下一对象比较，这类算法的计算量是屏幕总像素与对象数量的乘积。

一般来说，对象数量越少，显示精度越高，物体空间算法的计算量相对图像空间越小，越有优势，而且这种算法远比图像空间算法精确，在矢量显示器中优势巨大。然而光栅扫描过程中易于利用画面的连贯性，故而在光栅显示上图像空间算法的效率往往更高，而且也相对简单，也有广泛的应用。多数三维软件都会把这两种算法结合使用。

### 7.3.4 消隐算法的优化

消隐在理论上并不复杂，但极为消耗硬件资源，因而软件开发者不断研究降低计算量的算法。一方面他们往往用平面多边形表示物体的表面，物体的曲面部分可以用平面多边形逼近的方法近似表示，目前主流的是技术是三角网格法，只要网格划分的足够小，就足以让观察者产生连续曲线的视觉印象。而多边形又可用它的边（直线段）

表示，每条边又可以用其两个端点来定义。因此，消隐过程中所涉及的几何元素一般都是点、直线段和平面多边形，消隐算法需要对它们之间进行大量的计算和比较，选择计算量最小的算法。这些算法与裁剪变换有较大的相似度，主要的优化思想有：

**1. 利用几何元素的连贯性**

由于自然界中的物体都是连续有界的形体，因而描述物理的几何元素也都者是连贯，利用这个特性可以降低计算量，主要有物体、面、区域、扫描线和深度连贯性。

物体连贯性：如果物体 A 与物体 B 是完全相互分离的，则在消隐时，只需比较 A、B 两物体之间的遮挡关系就可以了，无须对它们的表面多边形逐一进行测试。例如，若 A 距视点较 B 远，则在测试 B 上的表面的可见性时，无须考虑 A 的表面。

面的连贯性：一张面内的各种属性值一般都是缓慢变化的，允许采用增量形式对其进行计算。

区域连贯性：区域指屏幕上一组相邻的像素，它们通常为同一个可见面所占据，可见性相同。区域连贯性表现在一条扫描线上即为扫描线上的每个区间内只有一个面可见。

扫描线的连贯性：相邻两条扫描线上，可见面的分布情况相似。

深度连贯性：同一表面上的相邻部分深度是相近的，而占据屏幕上同一区域的不同表面的深度不同。这样在判断表面间的遮挡关系时，只需取其上一点计算出深度值，比较该深度值即可得到结果。

**2. 利用包围盒技术优化算法**

形体的包围盒是包围它的简单形体。只要建立一个包围和充分紧密包围着形体的足够简单的包围盒，就可用这种简单的包围盒对其进行消隐测试，而无需对复杂曲线的所有控制点逐一测试计算。

**3. 空间分割技术**

将投影平面上的窗口分成若干小区域；为每个小区域建立相关物体表，表中物体的投影于该区域有相交部分；则在小区域中判断那个物体可见时，只要对该区域的相关物体表中的物体进行比较即可，大大降低比较对象的数量。

**4. 物体分层表示**

也是 LOD 思路的变形，把模型的按空间大小拆分成不同层颗粒度的子物体，形成的树形表示方式的形体结合，上一级组件完全无遮挡的无须在下一级中再次进行遮挡测试，从而减少场景中物体的个数，降低算法复杂度。

## 7.3.5　消隐算法的选择与实现

消隐算法可以在物体空间或图像空间中实现，两种算法各有适用范围。物体空间算法精度高，可以把图像放大许多倍而不致损害其准确性，而图像空间算法只能以与显示屏的分辨率相适应的精度来完成计算，所以其图像的放大效果较差。物体空间算法所需的计算时间随场景中物体的个数而增加，而图像空间的计算时间则随图像中可见部分的复杂程度而增加。选择算法时往往是在计算速度和图形细节之间进行权衡，任何一种算法都不能兼顾两者，因而具体选择哪种算法是由显示精度和物体数量综合决定的。

# 7.4 真实感图形显示

## 7.4.1 图形渲染的基本原理

透视投影和隐藏面消隐之后，得到了真实感图形，这个图形已经消除了图形的二义性，可以直接进入光栅扫描在屏幕上显示，肉眼能够通过屏幕上的这个图像判断物体的真实形态，已经完全满足建模的需要。进一步对模型进行美化和模拟建筑物在自然界的视觉形态时，还需要处理物体表面的光照明暗效果，通过使用不同的色彩灰度，增加图形图像的真实感。给定一个建筑物模型及其光照明条件，如何确定它在屏幕上生成的真实感图像，即确定图像每一个像素的明暗、颜色，是真实感图形显示需要处理的问题，这个过程包括光照处理和图案纹理映射两个部分在三维软件中被称为渲染。

BIM 建模软件或专业的渲染软件建立数学模型表示建筑物模型在光线下的视觉印象，得出计算机模拟出来的建筑物真实感效果。在现实世界中，光照明效果一般包括光的反射、光的透射、表面纹理和阴影等。从已知物体物理形态和光源性质的条件下，计算的场景光照明效果的数学模型称为光照明模型。这种模型可以用描述物体表面光强度的物理公式推导出来，普通的光照明模型一般只反映光源直接照射的情况，而一些比较复杂的光照模型，还可模拟物体之间光的相互作用，得到更好的视觉效果，由于自然界中的光源及光的传播路径和形态太过复杂，即使计算一个简单物体在自然光下的状态也已经远远超出当前最高级的计算机的计算能力，因而与消隐之前的算法的重点是在降低计算量而不降低显示质量不同，光照模型算法的重点是如何用计算机可承受的计算量实现相对可接受的质量，例如物理表面的光强是与光源到物体距离的平方成正比的，但三维软件中采用的算法却是用光源到物体距离乘以一个修正系数，因而商业软件的主要目标是在真实与美观之间做权衡，达到令建模者与最终用户都相对满意的结果。

## 7.4.2 计算机的颜色处理

### 1. 人眼的颜色视觉

从心理和视觉角度，颜色有色调（Hue）、饱和度（Saturation）和亮度（Lightness）三个特性。所谓色调，是颜色区别于其他颜色的因素，也就是我们平常所说的红、绿、蓝、紫等；饱和度是指颜色的纯度，鲜红色的饱和度高，而粉红色的饱和度低；而亮度就是光的强度，是光给人的刺激的强度。

与之相对应，从光学物理学的角度，颜色的三个特性分别为：主波长（Dominant-Wavelength），纯度（Purity）和明度（Luminance）。主波长是产生颜色光的波长，与色调相对应，光的纯度对应于饱和度，而明度就是光的亮度。

对于图像的高度真实感而言，颜色是其中的最重要的部分。在光照明模型中，通常通过分别计算 R、G、B 三个分量的光强值，得到某个像素点上颜色值，给人以某

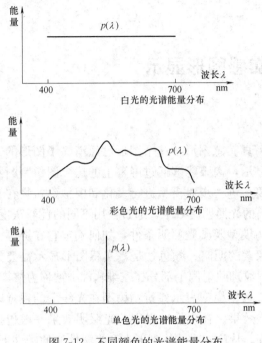

图 7-12  不同颜色的光谱能量分布

种颜色的感觉。

**2. 颜色的定义方法**

颜色是因外来光刺激而使人产生的某种感觉，光是人眼所感知的电磁波，肉眼能分辨光波长在 400 ～ 700nm 之间，电磁波使人产生了红、橙、黄、绿、蓝、紫等颜色感觉。光可以用其光谱能量分布表示（图 7-12），白光的各种波长的能量大致相等，彩色光的各波长的能量分布不均匀，而当一束光只包含一种波长的能量时是单色光。

用光谱能量分布定义颜色非常复杂，而且光谱与颜色是一种多对一的对应关系，具有不同光谱分布的光有可能产生同样的颜色感觉，即"异谱同色"，因而这种方法一般用于光学研究，很少用于被商业软件。

三维软件都用三色模型来定义颜色。人眼的视网膜中存在着三种椎体细胞，它们包含不同的色素，对光的吸收和反射特性不同，对于不同的光就有不同的颜色感觉。它们分别能够感受红光、绿光和蓝光，它们三者共同作用，使人产生了不同的颜色感觉。例如，黄光刺激眼睛会引起红、绿两种椎体细胞几乎相同的反应，而只引起蓝细胞很小的反应，这三种不同椎体细胞的不同的兴奋程度的结果产生了黄色的感觉，正如用等量的红和绿加少量蓝可以配出黄色。基于这个原理产生了多种颜色模型，任何一种颜色可以用红、绿、蓝三原色按照不同比例混合来得到，其中最主要的是 RGB、CMY 和 HSV 等颜色模型。

**3. BIM 建模软件的颜色模型**

BIM 建模软件在建模时一般用 R（red，红）G（green，绿）B（blue，蓝）模型来定义颜色，而在打印过程有时会用到由青（Cyan）、品红（Magenta）、黄（Yellow）为原色构成的 CMY 颜色模型，这是红绿蓝的补色，广泛应用于印刷行业。它与 RGB 模型的区别在于 RGB 的原点为白而 CMY 的原点为黑。RGB 模型通过在白色中减去某种颜色来定义一种颜色，而 CMY 模型则通过从黑色中加入颜色来定义一种颜色。

## 7.4.3  光照处理

当光照射到物体表面时，光线可能被吸收、反射和透射，反射、透射的光进入人的视觉系统，使我们能看见物体。计算机用一些数学模型来替代复杂的物理模型对图形进行明暗效应的处理，进一步提高图形的真实感，这些模型被称为明暗效应模型或者光照明模型。

**1. 建筑物的光环境**

物体表面的光都是光源发出的光线经各种物体表面以及物体自身的反射、透射与折射得来，当其他物体折射或反射的光线照到被照物体时，这个物体自身又变成一个光源，因而自然界中的光传播极为复杂，超出了当前任何超级计算机的处理能力，而计算机取采取了有限模拟的方式，即仅计算最主要的、影响最大的几个光源，并把这些光源简化为点光源或平行光源，而把更多的计算资源投入到物体表面的光反应上去。

**2. 物理表面的光学特性**

当光在传播过程中遇到物体表面时，会产生反射、折射等现象，其反应遵循反射定律、折射定律和透射定律。

人看到的物体亮度是由这一点的总光强决定的，只要计算出物体表面每一点映射到投影平面的光强，就可以相应的显示图形。为提高显示效率，计算机把曲面模型转化为多边形网格（主要是三角网格），用简化的方式计算各顶点光强，然后用插值法求出各点光强，从而得出图形的显示效果，这种方法会产生一些如图 7-13 所示高光区域，即相邻多边形的边界处的马赫带效应，再通过一些其他方法（例如双线法向插值法等）优化显示效果。

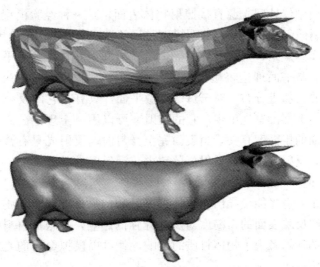

图 7-13　相邻多边形的边界处的马赫带效应示意图

**3. 阴影的生成**

阴影光源被物体遮挡而在该物体后面产生的较暗的区域，通过阴影可以提供物体位置和方向信息，从而可以反映出物体之间的相互关系，增加图形图像的立体效果和真实感。对于物体表面的多边形，如果在阴影区域内部，那么该多边形的光强就只有环境光，否则就用正常的模型计算光强，从而让图形更有层次感。

### 7.4.4　光照模型

物体对光的反应非常复杂，包括反射（Reflection）、透射（Transm－ission）、吸收（Absorption）、衍射（Diffraction）、折射（Refraction）、和干涉（Interference）等，为节约硬件资源，三维软件根据光源的复杂度或用户期望用几种不同的简化模型显示和渲染图形。

**1. 简单光照明模型**

简单光照明模型只模拟物体表面对点光源的反射作用，其他光源统一用环境光（AmbientLight）来表示。反射作用被分为镜面反射（SpecularReflection）和漫反射（DiffuseReflection）。

由于这种模型假设只有太阳一个点光源，因而镜面反射光集中在一个方向，一般的光滑表面，反射光集中在一个范围内，用一个与颜色无关镜面反射系数处理光强，把漫反射光按均匀空间分布处理，通过设置物体的漫反射系数来控制物体的颜色，从而大大降低了计算量。

环境光是指光源间接对物体的影响，是在物体和环境之间多次反射，最终达到平衡时的一种光。这个模型假设环境光是均匀的，在任何一个方向上的分布都相同，从而用一个常数来模拟环境光。

显然，光照模型是一种高度简化的模型，与肉眼的视觉差异极大，但它用很少的计算资源提供了高度层次感的显示图形，得到了广泛的应用。

**2. 局部光照明模型**

局部光照明模型仅处理光源直接照射物体表面，是一种经验模型，认为镜面反射项与物体表面的材质无关，简单光照明模型是局部光照明模型中最简单的一种。

为了提高真实感效果，三维软件以光电学领域知识和物体的微平面假设出发建立了局部光照模型。微平面理论将粗糙物体表面看成是由无数个微小的理想镜面组成，这些平面朝向各异、随机分布。对于每一个微平面，只有在它的反射方向上才有反射光，而在其他方向上都没有光出现，它的反射率可以用一个理论公式计算。而粗糙表面的反射率与表面的粗糙度有关，当表面完全光滑时，反射光只有镜面反射光，随着粗糙程度的增加，反射光中镜面反射部分减少，漫反射的部分增加，直到该表面最后完全成为漫反射面。

这种模型基于入射光能量导出光辐射模型，它的反射项以实际物体表面的微平面理论为基础，能够反映表面的粗糙度对反射光强的影响，并根据材料的物理性质决定颜色，反射光强的计算考虑了物体材质的影响，就可以模拟金属的光泽，从而大大提升了图形的真实感。

**3. 光透射模型**

对于透明或半透明的物体，在光线与物体表面相交时，一般会产生反射与折射，经折射后的光线将穿过物体而在物体的另一个面射出，形成透射光。如果视点在折射光线的方向上，就可以看到透射光，由于透明物体可以透射光，因而我们可以透过这种材料看到后面的物体利用隐藏面消除算法都可以实现模拟这种情况。计算机图形学研究者建立一些算法，计算折射、反射以及透射的方向与光强，比较真实地模拟了建筑物在真实世界的状态，提升了真实感效果。

**4. 整体光照明模型**

真实感光照模型不仅要处理光源直接照射物体表面的光强计算，还要模拟光的折射、反射和阴影等，同时也要表示物体间的相互光照明影响；而目前主要有光线跟踪和辐射度两种方法，它们是当今真实感图形学中最重要的两个图形绘制技术，一般由专业的工业渲染软件实现，不是 BIM 建模软件的核心技术。

## 7.4.5　纹理及纹理映射

光照处理后物体图像表面非常光滑和单调，看起来反而不真实。这是因为在现实世界中的物体表面都有表面细节，即各种纹理，如刨光的木材表面上有木纹，建筑物墙壁上有装饰图案，机电设备表面有文字说明它的名称、型号等。它们是通过颜色色彩或明暗度变化体现出来的表面细节，是光滑表面的花纹、图案，这种纹理称为颜色纹理。另一类纹理则是由于不规则的细小凹凸造成的，例如桔子皮表面的皱纹，是粗糙的表面，它们被称为几何纹理，是基于物体表面的微观几何形状的表面纹理，一种最常用的几何纹理就是对物体表面的法向进行微小的扰动来表现物体表面的细节。为了进一步提升真实感效果，BIM 建模软件的渲染模块与专业的工业渲染软件用纹理映射的方法给图像加上纹理。

纹理映射是把我们得到的纹理映射到三维物体的表面的技术，三维软件一般两种方法来定义图像纹理：一种将二维纹理图案映射到三维物体表面，在生成物体表面上一点像素的颜色时，可以采用相应的纹理图案中相应点的颜色值，在三维软件中一般称为贴图；另一种是函数纹理，是用数学函数定义简单的二维图形计算生成纹理图像，这种技术在三维软件中被称为纹理或填充，此技术不仅用于三维图形的显示，也应用于二维图形的显示。

几何纹理为了给物体表面图像加上一个粗糙的外观，我们可以对物体的表面几何性质做微小的扰动，来产生凹凸不平的细节效果，从而大大增强真实感效果，再配合整体光照模型，可以显示水面在风吹动下波纹与光影，给用户一种美的感受。

纹理映射的相关技术都已经非常成熟，缺点在于极耗硬件资源，且局限于视觉感受，目前商业价值有限，目前没有得到进一步发展。但这种技术的本质都是让一个计算机内的光滑连续表面产生粗糙不平的视觉感受，真正进一步提高真实感并降低计算量，目前最具前景的是分形造型建模技术，这种技术不仅可能大大提升图形的真实感，还可能为建筑物的逆向建模带来新的突破。

# 参 考 文 献

[1] 黄强. 论 BIM. 北京：中国建筑工业出版社，2016

[2] 徐文鹏. 计算机图形学基础（OpenGL 版）. 北京：清华大学出版社，2014

[3] 王先逵，刘军. CAD/CAM 技术基础. 北京：北京大学出版社，2010

[4] 张振明，许建新，贾晓亮，田锡天. 现代 CAPP 技术与应用. 西安：西北工业大学出版社，2003

[5] 邬伦，刘瑜，张晶. 地理信息系统：原理、方法和应用. 北京：科学出版社，2001

[6] 吴信才. 大型三维 GIS 平台技术及实践. 北京：电子工业出版社，2013

[7] David H. Eberly，徐明亮，李秋霞，许威威. 实时计算机图形学的应用方法. 北京：清华大学出版社，2013

[8] Ronald Goldman，邓建松. 计算机图形学与几何造型导论. 北京：清华大学出版社，2011

[9] 王珉. 大型 CAD 系统软件架构及其开发方法研究. 西安：西北工业大学博士学位论文，2006

[10] 陆薇，孙家广. CAD 支撑系统构件——软件总线模型. 北京：计算机辅助设计与图形学学报，2001，13（1）：1-7

[11] 林晖. 产品特征信息模型及设计过程演化模式的研究. 西安：西安交通大学博士论文，2001

[12] 万华根. 基于虚拟现实技术的 CAD 方法研究. 杭州：浙江大学博士论文，1999

[13] 王正盛. 金银花参数化曲面设计系统的研究与实现. 北京：北京航空航天大学博士论文. 2001

[14] 关文天. CAD/CAPP 集成系统特征模型转换技术研究. 西安：西北工业大学博士论文，2001

[15] 叶作亮. 基于制造网格的制造资源管理若干关键技术研究. 杭州：浙江大学博士学位论文，2008

[16] 刘雪梅. 产品全生命周期信息建模理论、方法及应用研究. 重庆：重庆大学博士学位论文，1999

[17] 吴含前. 产品并行开发过程建模及 POM 关键技术研究. 南京：南京航空航天大学博士论文，2001

[18] GB/T 16656.1—1998. 工业自动化系统与集成产品数据的表达与交换第 1 部分：概述与基本原理. 北京：中国标准出版社，1999

[19] GB/T 17645.1—2001. 工业自动化系统与集成零件库第 1 部分：综述与基本原理. 北京：中国标准出版社，2001

[20] GB/T 16656.41—1999. 工业自动化系统与集成产品数据的表达与交换第 41 部分：集成通用资源：产品描述与支持原理. 北京：中国标准出版社，2000

[21] GB/T 16656.43—1999. 工业自动化系统与集成产品数据的表达与交换第 43 部分：集成通用资源：表达结构. 北京：中国标准出版社，2000

[22] GB/T 16656.44—1999. 工业自动化系统与集成产品数据的表达与交换第 44 部分：集成通用资源：产品结构配置. 北京：中国标准出版社，2000

[23] GB/T 17645.42—2001. 工业自动化系统与集成零件库第 42 部分：描述方法学：构造零件族的方法学. 北京：中国标准出版社，2001

[24] 庄晓. 变量化装配设计关键技术及其应用研究. 上海：上海交通大学博士论文，1998

[25] 孙知信. 产品装配建模研究. 南京邮电学院学报（自然科学版），2000，20（1）：71-74

[26] 梁海奇，王增强，莫蓉等. 虚拟产品开发中的装配建模研究. 机械科学与技术，2001，20（2）：312-314

[27] 叶修梓，彭维，唐荣锡. 国际 CAD 产业的发展历史回顾与几点经验教. 计算机辅助设计与图

形学学报，2003，15：1185-1193

[28] 叶修梓，彭维，何利力. 从工业界的角度看 CAD 技术的研究主题与发展方向. 计算机辅助设计与图形学学报，2003，15（10）：1194-1199

[29] Chuck Eastman，Paul Taicholz，Rafael Sacks，Kathleen Liston. BIM handbook. Wiley. 2011